狗狗大聯盟

柴犬小學堂

daktari動物醫院名譽院長

加藤 元

Kato・Gen ● 1932 年出生於日本兵庫縣神戶市。畢業於北海道大學獸醫學部。1964 年於東京都杉並區開設 daktari 動物醫院，本身為該院的創辦人與代表。1973 年起陸續在美國堪薩斯州立大學，以及科羅拉多州、加州、佛羅里達州等州立大學擔任客座教授，目前為科羅拉多州立獸醫科大學的客座教授與日本親善大使（2011～2013 年）。他首次以日本人的身分榮獲的獎項為：1987 年美國動物醫院協會學術 Excel Award，以及 1994 年同協會的學術 Waltham Award。他致力於：介紹領先全球的美國小動物醫學與教育；提升日本動物醫院的品質；推廣繼續教育。此外，他也是一般財團法人 J-HANBS 的代表理事，目前正持續地推廣「珍惜人與動物與自然」這活動。

前言

我想對你道一聲恭喜，恭喜你獲得柴犬的幼犬。

得到了上天賦予的小小生命。

這隻幼犬剛於 2、3 個月前誕生在這個世界上。

我希望你能負起責任並且擁有覺悟，

好好地照顧牠，直到牠生命的終點。

我希望已成為飼主的你，

能夠遵守下列的 5 項規則：

① 提供狗狗品質良好的飲食。

② 盡你所能地預防狗狗罹患各種疾病。

③ 留意狗狗的一舉一動，若牠的舉止不同以往，請立刻帶牠就醫。

④ 請採取完善的安全措施，以防止狗狗誤食或受傷。

⑤ 狗狗出生後3～16週（社會化時期）為感受性豐富的時期。請於這時期內幫助狗狗習慣生活環境，並養育出人見人愛、個性沉穩的狗狗。

這5項規則就是養育狗狗的基本方式。

請各位飼主將這些基本規則銘記在心。

幼犬是否能幸福地過完這一生，完全取決於你的養育方式。

珍惜人與動物與自然的羈絆

J-HANBS 的活動

本書中會反覆地提到：對4個月大之前的幼犬而言，「社會化時期」極為重要。其實，人類成長的過程中也有類似的時期。1970年代的世界研究已證實：對人類的孩童而言，在「社會化的感受性時期」與「思春期」，自然地接觸動物與大自然相當重要。HANB所指的是人類與動物與自然的羈絆（Human・Animal・Nature・Bond）。J-HANBS認為人類不論是在心理上或科學上，都應該珍惜人與動物與自然的羈絆，因此才會透過教育來實踐轉動、修養心靈的目的，並且持續推廣此活動。請於官方網站參閱活動內容。

http://www.j-hanbs.com/

日本犬保存會審查部副部長
岩佐和明

Iwasa・Kazuaki ● 1947年出生於日本島根縣安來市。畢業於早稻田大學法學部。他因父親是愛狗人士與日本犬保存會會員的緣故，從小就對柴犬深感興趣。他在大學時期曾拜訪過日本各地的飼養員，並見過眾多的柴犬，甚至於1971年主動加入日本犬保存會。1992年就任日本犬保存會審查員；2008年升任審查部副部長（柴犬組組長）。另外，他不僅曾於美國、義大利、台灣等地擔任過展覽會的審查，還曾為 The National Shiba Club of America 的機關誌，撰寫柴犬審查方面的文章。他所培育的名犬「無雙乃鈴春號」，曾於2005年由日本犬保存會主辦的第102屆全國展中，榮獲準最高賞。

柴犬已在日本生活了1萬年以上，長久以來都是日本人的生活好夥伴。即使經過漫長的歲月，柴犬依然保持著相同的容貌與外型，因此不僅被日本指定為天然紀念物，還被稱作「活著的文化財」。而且，正因為喜愛柴犬的人們不惜一切成本，持續地花費大量的心思與時間照顧，柴犬才得以保有純正的血統。

我認為已飼養柴犬的朋友，或正打算飼養柴犬的朋友，大多都是被柴犬的聰慧與英姿吸引。其實，柴犬的外型與氣質都是先人們細心養育出來的成果。

我希望各位飼主偶爾能想起上述柴犬的背景，盡心盡力養育你選擇的柴犬。

日本當地的純種日本犬（柴犬、紀州犬、四國犬、甲斐犬、北海道犬、秋田犬），長久以來繼承其祖先的精悍外表、忠實個性、適合日本風土的體質等，因此被日本指定為天然紀念物。公益社團法人 日本犬保存會創立於昭和3年（1928年），其成立目的是為了保存與繁殖珍貴的日本犬，該會為日本當地最早的犬種團體，目前也持續地活動當中，而且每年約有3萬5千隻柴犬會登錄該會。該會的活動內容相當多元，譬如：為登錄的狗狗統整犬籍簿；發行血統證明書；舉辦展覽會；發布日本犬相關情報等。請至官方網站參閱更詳細的活動內容。

http://www.nihonken-hozonkai.or.jp/

協助本書進行攝影的犬舍

日本犬保存會山梨分部

新耀莊
山梨縣甲府市住吉4-5-5
TEL／090-3207-2067

二代新耀莊
山梨縣甲府市右左口町3179
TEL／090-3040-4498

石和小椋莊
山梨縣笛吹市石和町上平井644-1
TEL／055-262-7494

日本犬保存會三多摩分部

蛇犬莊
東京都府中市日新町5-60-5
TEL／090-6043-4277

目　錄
contents

惱人行為的預防與對應方法

幼犬時期身形圓滾滾的

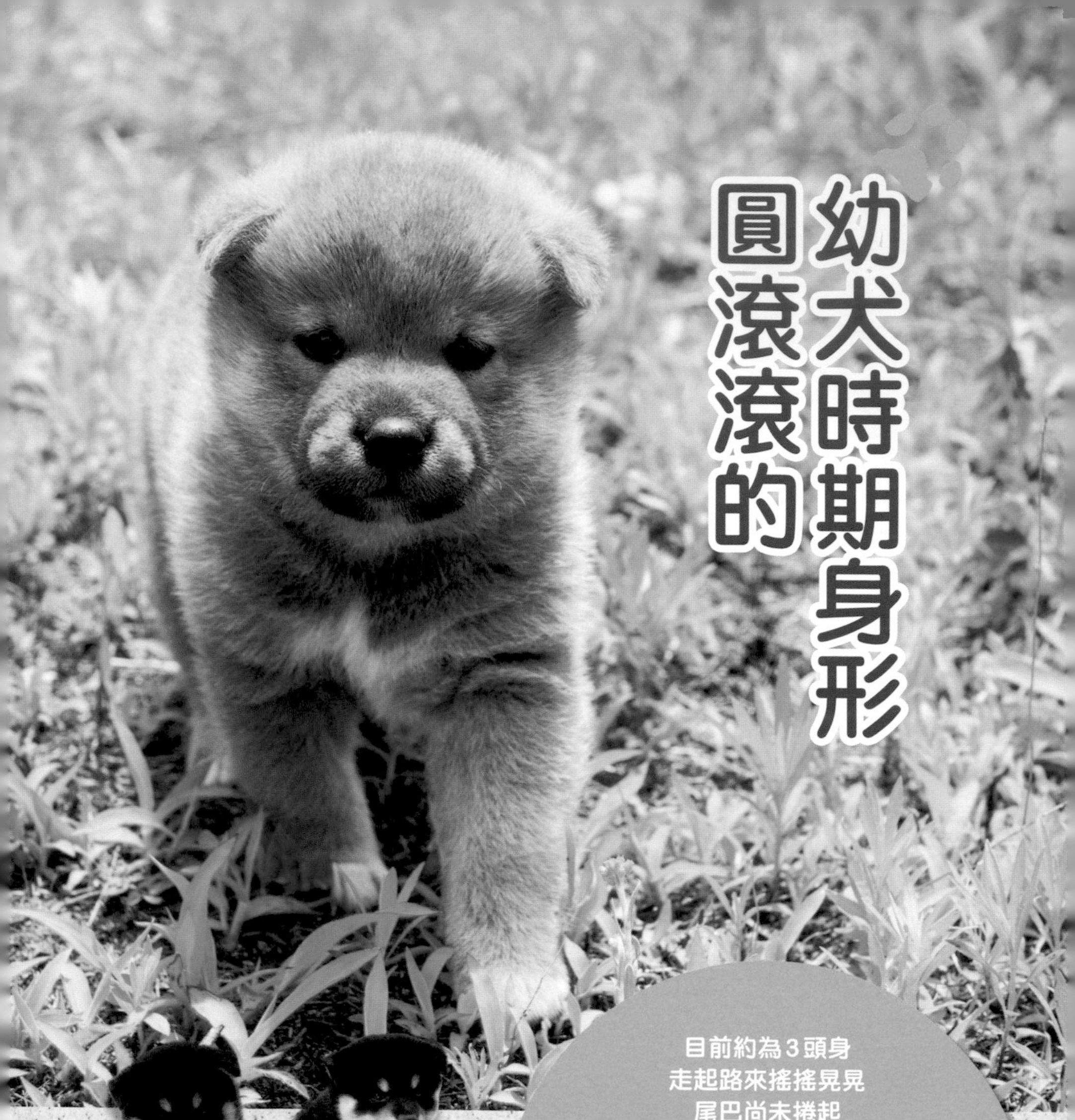

目前約為3頭身
走起路來搖搖晃晃
尾巴尚未捲起
（出生後45天）

黑柴兄弟
明明還是幼犬
腿部卻已粗壯結實
（出生後45天）

這時眼睛尚未張開
幾乎無法憑自己的力量移動
（出生後10天）

狗狗兄弟
正在嬉戲

用力地
翻～身！

11

柴犬從前是
相當活躍的獵犬
看牠敏捷的動作
就能聯想到
其祖先的英姿

很帥氣！
的模樣
長大

細長漂亮的眼睛
與聰穎的表情
都是牠受歡迎的原因

柴犬是什麼樣的狗狗？

柴犬從繩文時代便生存於日本

柴犬等品種的日本犬，其祖先早在1萬年前便生存於日本。愛媛縣的上黑岩岩陰遺跡源自於繩文時代，當地曾挖掘出犬類的骨骸，其被認為是日本犬的祖先──柴犬。

某一派學說認為：彌生時代時，外國人帶進日本的狗狗與日本當地的狗狗交配後，產下的品種就是日本犬的原型。然而，當時由國外引進日本的狗狗並沒有那麼多，根本不足以改變日本當地狗狗的外型。日本犬到了江戶時代仍舊生存於

日本島國，而且血統依然純正，外貌也沒有改變。

柴犬於1936年被指定為天然紀念物

日本進入明治時代後，隨著文明開化政策，從國外引進日本的狗狗也逐漸地增多。日本犬與外國狗狗交配，讓混血狗狗急速地增加，特別是在都市地區，血統純正的日本犬慢慢地減少了。

混血狗狗的數量在進入大正時代後達到巔峰，為此感到憂心的愛犬人士與學者們，便發起日本犬保存運動，並於1928年創立「日本

犬保存會」。

此後，在日本土生土長的狗狗統稱為「日本犬」，其中的小型犬則稱為「柴犬」，於1936年被日本指定為天然紀念物。

從古至今從未改變的外型，正是柴犬被日本指定為天然紀念物的原因。

「石」號與「KORO」號的血統圖

KORO ♀	石 ♂
四國・昭和5年生	島根・昭和5年生

HANA ♀ 鳥取　　AKA ♂ 富獄　　明月 ♀ 山梨

紅子 ♀ 赤石莊　　AKANI ♂ 機山莊

中 ♂
赤石莊・昭和23年生

「中」號是高知名度的名犬，擁有「近乎完美的體型」。「中」號那些優秀的柴犬子孫，於第二次世界大戰後遍布日本全國。

現代的柴犬皆為此血統

（出處・畫面提供／日本犬保存會）

現代的柴犬為「石KORO系」血統

日本進入明治・大正時代後，僅有某些地方的山區才能看見血統純正的柴犬。一直到了昭和初期，一些熱情的愛犬人士才進入深山中尋找純種的柴犬，並且將其帶往都市。這些「從山中帶出的狗狗」相當受到珍視，其中有2隻較為特別，分別是島根的「石」號（公）與四國的「KORO」號（母）。

目前，在日本犬保存會有設籍的柴犬，大多都為石號與KORO號的子孫，因此也能稱牠們為「石KORO系」血統。

柴犬會隨著時代改變職責，並一直陪伴著人類

人們推測在古代的日本，柴犬是相當活躍的獵犬。某些學說認為：平安時代會用柴犬來狩獵老鷹或鴨子；江戶時代的將軍也會飼養柴犬來狩獵老鷹。

另外，柴犬在戰前、戰後等紛亂的時期是優秀的警犬，在和平的現代則是可愛的寵物犬。柴犬會隨著世界變動改變職責，並且一直陪伴在人們身邊。

15

柴犬氣勢強勁、品性
優良、外型強而有力

日本犬保存會認定的日本犬本質為「威武強悍、品行優良、帶有樸實感」。「威武強悍」指的是氣魄；「品行優良」指的是個性率真；「樸實」則是不打扮也相當優雅美麗。

柴犬原本就是生活在山野間的野生品種，因此肌肉相當發達，動作也非常敏捷。強而有力的外型、聰穎的細長眼睛、三角形的豎耳、卷曲的尾巴——柴犬極富魅力的帥氣姿態，實在是令人心折呢！

柴犬的
外型特徵

耳朵
稍微前傾的豎耳，形狀為不等邊三角形，大小則頭部相襯。

尾巴
卷尾或直狀尾（尾巴不卷曲且向前方傾斜）的粗細適中、強而有力。尾巴伸直的話，其長度可及飛節。

眼睛
炯炯有神的深邃眼睛，形狀稍微呈三角形且眼尾上揚。眼睛顏色以深褐色為佳。

毛
柴犬的毛是雙層毛，分為外毛和內毛（請參閱p.94）。外毛又硬又直、顏色鮮明、有健康的光澤。內毛顏色較淺，質感柔軟且茂密。

飛節

標準體型

	公	母
身高	39.5cm（38～41cm）	36.5cm（35～38cm）
體重	9～11kg	7～9kg

※身高為肩胛骨後方至地面的高度（垂直距離）。

毛色有4種，標準為「裏白」

柴犬的毛色可分成紅、黑、胡麻、白等4種顏色。
任何毛色的柴犬都有標準的「裏白」特徵，
也就是下巴、胸部、四肢內側等身體內側的毛色須為白色。

此毛色又稱為「鐵鏽色」，以無光
澤又帶點褐色的煙燻黑色為佳。

黑　紅

80%的柴犬都為此毛色。紅色的
深淺與狗狗本身的狀況有關。

近來人氣很高的毛色。白柴犬與
白柴犬交配後，生下的幼犬多為
白毛*。日本人為了保存其他毛
色的柴犬，幾乎很少繁殖白柴犬。

白　胡麻

混合紅、黑、白等3種顏色。紅
色較多的毛色稱為紅胡麻；黑色
較多的毛色稱為黑胡麻。

柴犬僅生下白毛幼犬的可能性卻相當高。
配後，偶爾會生下其他毛色的幼犬，惟是白
＊紅毛、黑毛、胡麻毛等相同毛色的柴犬交

有些狗狗在幼犬時期會有「黑口罩」

柴犬的幼犬偶爾出現「黑口罩」，也就是嘴巴周圍的毛
為黑色。這種情況會隨著柴犬的成長而消失，一般在6
個月～2歲間便會消失。

有黑口罩的幼犬
（出生後45天）。

聰穎、品行優良、
對飼主忠誠

　　柴犬是日本犬當中人氣最高的品種，與外國犬相比也是名列前茅。柴犬樸實的英姿以及忠誠的個性，使牠備受人們喜愛。牠忠實、順從、忍耐度高，因為從前曾是獵犬，所以對飼主的指示相當敏銳，即使性格不如外國犬外放，但眾多的優點與親近飼主的特質，仍深受人們信賴。

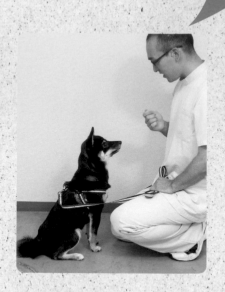

鬥爭心強、警戒心強、
獨立性強

　　柴犬以往為獵犬，因此也有鬥爭心較強的一面，偶爾甚至會對其他狗狗或人類保持警戒。不過，牠本身相當獨立，因此不會成天黏著飼主撒嬌。

　　柴犬的天性真誠直率，因此飼主只要在狗狗的社會化時期（p.49）好好地教育牠，一定能教出個性沉穩且容易飼養的寶貝。

在自然中，
散發著野性的氣息

　　很多外國犬都是人們為了特定目的培育出來的品種，但是柴犬卻不是如此，因此牠的姿態從古至今都沒有改變。即使到了現代，我們依然能從柴犬的某些行為中，感受到牠野性的一面。飼主除了須好好地愛護柴犬之外，偶爾也要帶牠到自然景觀豐富的場所，讓牠隨心所欲地奔跑遊戲。當你見到柴犬的結實身軀與活潑姿態，一定能感受到牠優秀、狂野的獵犬氣質。

「迷你柴犬」
這品種並不存在

　　外國犬常會出現人工培育出的迷你品種，例如：玩具貴賓犬、迷你臘腸犬等。然而，世界上根本沒有「迷你柴犬」，有些柴犬體型較迷你的原因，是因為牠天生體格嬌小，或是人們刻意控制其生長。況且，日本犬保存會與 Japan Kennel Club 等註冊團體，都不承認「迷你柴犬」這品種。

　　飼主在養育柴犬的過程中，不論是偶然養育出大於標準的體型，或是在幼犬時期刻意控制牠的飲食，讓牠長得較為嬌小，都會對其成長造成不良影響。其實，多數的迷你柴犬都有成長方面的問題。請各位飼主在了解上述的壞處後，負起責任並好好地愛護自己的狗狗。

公柴犬與母柴犬的
性格並不相同

　　公柴犬與母柴犬的個性完全不同。公柴犬對其他狗狗與外在環境較為敏感，鬥爭心也比母柴犬更強。相較之下，母柴犬對飼主與家人的警戒心較低，個性也比較溫柔。不過，偶爾還是會有例外的情況發生，譬如：公柴犬較文靜；母柴犬較活潑等。請飼主在養育愛犬時，好好了解牠的個性喔！

	幼犬期 3個月～1歲半左右			Puppy期 0～2個月左右		

年齡：5個月　4個月　3個月　2個月　1個月　3週　2週

成長

- 眼睛張開（2週）
- 乳齒開始生長（3週）

生後10天

- 開始出現吠叫、低鳴等情感表現
- 開始活潑地活動與遊戲（1個月）
- 乳齒長好了（3個月）

3個月

- 軟毛開始長成硬毛（4個月）
- 乳齒開始換成恆齒

疫苗

※疫苗的規定以AAHA（美國動物醫院協會）為基準。

1個月

- 第1次接種混合疫苗（母柴犬若已完成疫苗接種）
- 3個月大後，第1次接種狂犬病疫苗，此後每年4月都要再接種一次
- 第2次接種混合疫苗
- 第3次接種混合疫苗

教養

- 開始進入社會化時期（p.49）
- 教導狗狗生活規則，例如：用餐禮儀、訓練等
- 進行社會化的訓練（習慣日常的聲音或被人觸摸等）
- 被飼主抱著外出（預習散步p.74）。習慣其他人類、狗狗、外界刺激、車子
- 綁上牽繩再於室內練習散步
- 狗狗接種完疫苗後，就能自己走在地上或到公共場所
- 社會化的訓練到此全部結束

20

※成長欄為平均標準，狀況會因狗而異。教養開始的時間以狗狗到家中的月齡為準（上表為2個月）。

| 16歲 | 13歲 | 7歲 | 2歲半 | 2歲 | 1歲半 | 1歲 | 10個月 | 7個月 | 6個月 |

迎接生命終點的狗狗變多了

有些狗狗會出現失智症狀

罹患癌症的狗狗增加了

身心發育完全

骨骼幾乎長好了

每年接受1次定期健康檢查

體型（身高）已接近成犬

恆齒長好了（～11個月）

初次的發情期

母柴犬若沒接受避孕手術，就會迎接

公柴犬學會標記行為

9歲

5歲

1歲

6個月

高齡期期間
每3～6個月
接受1次健康檢查

成犬期期間
每年接受1次
健康檢查

成犬期期間
每1～3年接種1次混合疫苗
每年接種1次狂犬病疫苗

每1～3年接種1次混合疫苗，每年接種1次狂犬病疫苗

參加狗狗競賽

持續進行教育與訓練，直到狗狗學會冷靜地行動

2歲

柴犬與人類的年齡換算表

柴犬	人類	柴犬	人類
		8歲	48歲
1個月	1歲	9歲	52歲
2個月	3歲	10歲	56歲
3個月	7歲	11歲	60歲
4個月	10歲	12歲	64歲
6個月	13歲	13歲	68歲
1歲	15歲	14歲	72歲
2歲	24歲	15歲	76歲
3歲	28歲	16歲	80歲
4歲	32歲	17歲	84歲
5歲	36歲	18歲	88歲
6歲	40歲	19歲	92歲
7歲	44歲	20歲	96歲

小・中型犬的年齡換算標準

1個月

第1次
接種疫苗

　幼犬在1個半月～2個月大左右，從母體獲得的免疫抗體就會消失，所以在2個月大前必須接種第1次混合疫苗。有些寵物店或飼養員會事先為幼犬接種疫苗，因此在迎接狗狗當天，務必向對方確認疫苗接種的情況。

幫助幼犬習慣身體被觸摸

　飼主不為Puppy期的狗狗清潔身體也OK，但是有很多柴犬都相當排斥身體被觸摸。飼主若希望今後能順利地為狗狗清潔，在迎接狗狗回家後就要盡早讓牠習慣身體接觸，並藉此讓牠喜歡人類。

生後
10天

幼犬在1個月大前
都須在母犬身邊成長

　新生幼犬的體重約為200～250g。幼犬3週大前須吸取母乳，母犬則會舔拭幼犬的肛門與尿道刺激牠排泄。幼犬3週大就能開始食用柔軟的乾糧，並學會自行排泄。

第3週會進入「社會化時期」

　幼犬出生後第3週起，就會進入「社會化時期」（p.49），並且開始吸收各式各樣的知識。請各位飼主在幼犬4個月大前，讓牠習慣各種事物並教牠基本規矩。在迎接幼犬回家當天，就必須開始進行社會化所需的體驗與Puppy訓練（第2章）。

充分提供營養價值高的飲食

狗狗6個月大前都是身體成長的重要時期，因此務必提供牠優良營養的飲食。請選擇適合狗狗月齡與年齡的高營養飲食，讓牠能充分地攝取所需的營養（請參閱p.112～115）。

6個月

4個月大前都要持續進行社會化訓練

狗狗3週到4個月大的期間是重要的社會化時期。飼主從Puppy期開始就要讓狗狗習慣各式各樣的事物，並盡量讓牠多接觸其他人類與動物。

決定預防接種的時程表

迎接幼犬回家後的幾天內，若牠已習慣飼主與新環境，請帶牠到動物醫院接受健康檢查，並且與獸醫師討論混合疫苗、狂犬病疫苗等接種的時間，以及如何預防跳蚤、蜱蟎、心絲蟲等問題。

4個月

讓狗狗充分地散步、遊戲

狗狗接種完3次混合疫苗後，就能進行初次散步了。請讓狗狗盡情地散步與遊戲，直到牠感到疲倦為止。6個月大的狗狗能正式到戶外散步；1歲大的狗狗能進行1小時的散步或遊戲。

早期完成結紮、避孕手術

母犬7～8個月大左右，就會進入初次的發情期（初經）。不論是打算讓母犬接受避孕手術，或是讓公犬接受結紮手術，最好都在狗狗4個月大前完成（請參閱p.142～143）。

成犬期

提供充足的運動量

狗狗的體格大致會在1歲半發育完全。平常請帶牠充分地散步、進行球類遊戲等簡單運動（請參閱3～4章）。

成犬須持續進行相同教養

飼主在狗狗的Puppy期與幼犬期進行的教養，在牠進入成犬期後仍要持續進行，並教牠全新的事物。

持續預防疾病的發生

請記得狗狗1歲後，每1～3年就得注射1次混合疫苗與狂犬病疫苗，並每年定期接受健康檢查。另外，還要持續預防跳蚤、蜱蟎、心絲蟲等問題。

5歲

飲食管理、清潔保養也很重要

為了維持狗狗的健康，請提供牠適量的飲食。請注意成犬需要攝取的能量比幼犬還少。另外，為了預防狗狗罹患各種皮膚病，請定期為牠進行梳毛等清潔（請參閱第5章）。

高齡期

改為高齡專用的飲食

高齡狗狗的消化能力會降低，所以要讓牠改吃營養價值高、易消化的高齡專用食品。

提供輕鬆無壓力的生活

飼主千萬不能讓高齡的狗狗感到壓力。請為狗狗打造出冬暖夏涼的生活空間，以免對牠的身體造成負擔；請盡量在室內設置無障礙空間，以免狗狗跌倒或摔傷。另外，請配合狗狗的體力來斟酌散步的距離與時間。

增加定期健康檢查的次數

狗狗的身體機能開始下降會讓抵抗力變差，所以容易罹患各種不同的疾病。特別是過了7歲後，罹患癌症的機率也會提高（請參閱p.140）。3個月大的狗狗等同於人類的1歲，因此最好每3個月就接受1次健康檢查。

持續給予適當的刺激

若飼主在狗狗進入高齡期後，忽視牠的老年問題，就會讓牠的老化症狀愈來愈嚴重。飼主可藉由與狗狗說話、進行身體接觸與教養的方式，提供牠適當的刺激。

9歲

part
1

共同生活的準備與基本的教養

shiba-inu

迎接幼犬回家前須備齊的用品

若飼主已決定帶幼犬回家，就須在牠回家前備好必要的用品。

首先要準備的必需品是寵物圍欄、寵物床墊、廁所，以及立刻就會用到的乾糧、餐具、玩具等。為了方便帶狗狗到醫院等場所，也必須準備外出籠。至於後續才會用到的用品，例如：胸背帶與牽繩等散步用品、寵物清潔用品等，最好還是一同備齊。

請記得幼犬剛到家的3～7天內，隨時都要有人陪在牠身邊，絕對不能讓牠獨自在家。

請事先備齊下列的用品

☐ 寵物圍欄

其不僅能確保狗狗有舒適的生活空間，還能避免牠在看家時發生危險。

☐ 外出籠（狗屋）

其不僅是運送狗狗的工具，也是能讓牠安心休息的舒適狗屋。最好選擇狗狗能在裡面轉身的大小。

☐ 寵物床墊

若購買市售的產品，請選擇方便清洗的類型。飼主可在外出籠中放入枕頭，或是堆疊的毛巾、毛毯，以代替寵物床墊。

※照片旁的圓框字母是企業的簡稱（請參閱p.9），沒有簡稱的商品則為私人所有。

共同生活的準備與基本的教養

□ 寵物清潔用品

梳毛用的針梳與橡膠梳、寵物趾甲剪、修毛的剪刀、刷牙的牙刷等（請參閱 p.92~p.93）。

□ 尿布墊與便盆

即使只準備尿布墊也OK，但是搭配便盆使用不僅能方便清理排泄物，還能防止狗狗惡作劇。幼犬排尿的頻率很高，所以需要多準備一點尿布墊。

□ 幼犬專用乾糧

主食請選用「綜合營養食品」（請參閱 p.113）。若乾糧的硬度讓幼犬難以咀嚼，飼主可先用溫水將其泡軟（請參閱 p.115）。

□ 餐具

請準備2個堅固穩定的餐具，一個裝乾糧一個裝水。

□ 玩具

請選擇幼犬可啃咬的犬用安全玩具。玩具的用途除了遊戲之外，還能作為教養的輔助工具，請於寵物店選購數種不同類型的玩具吧！（請參閱第4章）

□ 胸背帶、牽繩、項圈

項圈受到牽繩拉扯時，容易對狗狗的頸部造成負擔，所以最好以胸背帶代替項圈。胸背帶與項圈都要選擇適合幼犬胸圍與脖圍的尺寸，並連同牽繩一起準備好。

為了迎接柴犬回家，飼主須具備的知識

請再次了解飼養狗狗所須背負的責任！

飼養幼犬的含意就是愛護、養育一條珍貴的生命。狗狗是否能幸福地過完一生，完全取決於飼主的教養方式。請各位飼主務必要以愛心來養育狗狗，並負責照顧牠的生活、健康與教育。

你已經有養育狗狗的決心嗎？

你願意花費時間與心力來照顧牠，讓牠過幸福的一生嗎？請在飼養幼犬之前，再次釐清自己的想法，或是與家人討論清楚。

若各位飼主因工作無法在家，請務必與狗狗分享你的空閒時間，例如：上班前、回家後的零碎時間或是休假等。

迎接柴犬的心得

② 確實地預防疾病、管理健康

世界上只有飼主才能守護狗狗的健康。飼主不僅要確實地帶狗狗施打預防針，還要為牠整理生活環境，並盡量預防牠罹患各種疾病。另外，還要記得採取完善的安全措施，以免狗狗誤食或受傷。平常就要仔細地觀察愛犬的狀況，若牠的表現不同以往，就要立刻帶牠就醫。

① 滿足狗狗的基本生活需求

養育狗狗最重要的功課就是滿足牠的基本生活需求，譬如：飲食、排泄、運動等。首先是提供狗狗適量的優質飲食，再來是充足的運動量，若牠有充分地活動身體，晚上就能安然入睡。最後則是讓牠學會在固定場所正常地排泄。飼主若能提供狗狗這些基本生活需求，就能防止牠做出令人困擾的行為。

共同生活的準備與基本的教養

④ 留意狗狗的社會化

狗狗出生後3週到16週之間的「社會化時期」（p.49），最適合學習各式各樣的事物。飼主最重要的功課就是在這段時期內，幫助狗狗習慣身邊的各種事物，例如：其他人類或動物、外在環境、噪音、擁擠的人群、車子、醫院、身體被觸摸、梳毛、刷牙等。唯有如此，牠才能學會信賴人類、學會社會化。

飼主從寵物店或飼養員手中接過的幼犬，應該都有2個月大了，對方先前養育狗狗的方式，都會影響後續的社會化訓練。請在迎接狗狗回家後，立刻進行社會化訓練。

③ 顧慮狗狗的生活品質

飼主的責任不僅是照料狗狗的飲食與健康，還要讓牠過著有趣的生活。譬如：餵狗狗吃飯時，偶爾可將乾糧裝入KONG中（p.87），增加用餐的樂趣。

飼主有時也能陪狗狗遊戲或為牠換新玩具，而不是讓牠一直玩同樣的玩具。散步也不用刻意維持相同路線，有時帶牠到人聲鼎沸的場所或稍遠的地方都OK。

帶狗狗回家前，請先確認下列事項

請各位飼主帶狗狗回家之前，先向寵物店或飼養員確認下列事項。

☐ 飲食

請向對方詢問狗狗目前食用的乾糧名稱、每天用餐的次數與用量，再為狗狗準備相同的規格。

☐ 健康狀況與社會化

請向對方確認：狗狗的個性、討厭的東西、喜歡的東西、健康狀態、如廁狀態與次數等。另外，還要確認社會化的進度與狀況。

☐ 喜歡的東西

若幼犬有喜歡的玩具或毛毯等，請向對方索取這些用品。若幼犬原本與父母一起生活，請向對方索取沾有其父母味道的用品。

☐ 疫苗接種

幼犬必須接種3次混合疫苗（p.123）。請確認狗狗何時已接種、下次的接種時間，若已接種完畢則須向對方索取預防接種證明書。

☐ 洗澡

若狗狗已有洗澡的經驗，請向對方詢問所用的產品名稱。若其適合狗狗的肌膚，最好持續使用相同的產品。

☐ 血統證明書

若狗狗的血統純正，請向對方索取血統證明書。若還在申請當中，就會延後幾天發放。

打造一處能讓幼犬安心的生活環境

在家人聚集的客廳打造幼犬的生活空間

幼犬剛被帶到不習慣的新環境，內心會相當不安與寂寞。請事先在家人聚集的客廳，打造一處能讓狗狗安心的舒適場所。

寵物圍欄請勿設置於冷氣通風口及陽光直射的場所，而是通風良好的牆邊。

另外，柴犬的落毛若放置不管，就容易產生異味。請留心環境的清潔衛生，並且勤勞地用吸塵器清潔，或是用空氣清淨機、除臭劑。

再次制定預防措施！

為了讓幼犬能在室內到處走動，請事先確認室內是否有任何危險，並採取完善的安全措施。有些專門用來防止嬰兒發生事故的用品中，也有適合幼犬的類型，請自行尋找適合的商品吧！

□ 避免狗狗啃咬電線

狗狗啃咬電線會有觸電的危險，請將電線藏在地毯下面或家具後面。插座也要裝上插座蓋，以免狗狗惡作劇。

□ 誤食會造成危險的物品務必收好

幼犬看到任何東西都會放入口中，若室內遍布各種物品，就容易產生誤食的危險。有些觀葉植物帶有毒性，請改放到高處。請確認狗狗誤食哪些物品會發生危險，並將其收拾到地碰不到的場所。

誤飲會造成危險的物品，請參閱p.132

□ 不希望狗狗進入的場所請設置柵欄

不論是狗狗進入會造成危險的場所，例如：廚房、2樓、浴室，或是不希望牠進入的危險場所，都要在入口前設置柵欄。另外，木質地板容易讓狗狗滑倒，所以必須鋪上地毯。

在客廳設置寵物圍欄

請準備空間較大的寵物圍欄，並在裡面放置寵物床墊、
廁所、餐具等，讓狗狗能在裡面生活與遊戲。
另外，還要放入數種玩具提供幼犬遊戲。

如廁訓練完成前，寵物圍欄內都要鋪上尿
布墊。請將寵物床墊放在圍欄的某個角
落，讓狗狗能享受舒適的睡眠。最後還要
記得放入飲用水與玩具喔！

column

對付異味與過敏的方法是…

飼養狗狗後，有些人會特別在意室內或
衣服上是否有異味，有些人則會擔心蜱蟎
等引起的過敏症狀。daktari動物醫院推薦
的「**Eraser Mist**」，能有效地解決這些問
題。Eraser Mist 不僅有除菌、除臭的效
果，它本身的空間除菌・除臭水還能有效
地抑制過敏與塵蟎。用專屬的噴霧器或噴
霧瓶將 Mist Water 噴灑到空氣中，就能發
揮良好的效果，而且還有預防人類流感的
功效。這項產品不論是寵物或人類都能安
心使用，相當受到動物醫院的青睞！（請參
閱 p.123）

Eraser Mist

500mℓ噴霧瓶　　Mist噴霧器

迎接幼犬回家當天的生活方式

**在狗狗習慣環境之前
請飼主安靜地守護牠**

迎接幼犬回家的日子終於到了。幼犬起初可能會因不習慣環境而低鳴，或是因壓力而導致身體不適。為了避免這種情況發生，請讓狗狗吃牠習慣的飲食，並且不要過度觸摸牠、急速改變牠的生活模式、讓牠過於疲倦。

為了幫助狗狗在第一個星期就習慣新的生活環境，這段期間內務必要有人在家照看牠。另外，狗狗到家的當天就要開始進行訓練（p.40）。

幼犬到家當天的流程

1 讓幼犬進入寵物圍欄中

寵物圍欄內須鋪上尿布墊，並放置寵物床墊、飲用水、玩具。先陪狗狗玩到疲倦，再讓牠進入圍欄中，就能避免牠不停吵鬧。

2 給予幼犬食物

幼犬稍微冷靜下來後，就讓牠食用與先前相同規格的乾糧。剛開始1天餵食4～5次，並採取少量餵食的方式。

3 讓幼犬排泄

因為寵物圍欄內鋪有尿布墊，所以狗狗在裡面的任何位置排泄，飼主都要先讚美牠「好孩子」，再更換尿布墊。

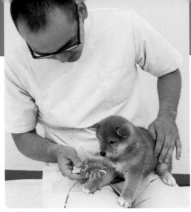

column

你盡到飼主的義務了嗎？

日本厚生勞動省制定了以下3點飼主應盡的義務。

☐ 請在現居地為狗狗註冊戶籍

請在現居地為愛犬註冊戶籍。若中途搬家，也必須重新在今後的居住地為狗狗註冊戶籍。

☐ 每年都讓狗狗接種1次狂犬病疫苗

狗狗初生91天以上，就必須盡早施打狂犬病疫苗，之後每年須注射1次疫苗，以補強免疫效果（請參閱p.122）。

☐ 狗狗的名牌與注射證明書要戴在身上

飼主會在狗狗註冊的同時拿到「名牌」；在施打完狂犬病疫苗的同時拿到「注射證明書」。名牌與注射證明書是用來證明狗狗已註冊、已施打狂犬病疫苗的證件，因此必須戴在狗狗身上。名牌上面印有註冊編號，一旦狗狗走失，他人就能憑著上面的編號讓狗狗回到飼主身邊（請參閱p.75）。

4 適度地陪幼犬玩

幼犬結束用餐與如廁後，就能讓牠離開寵物圍欄玩一段時間。幼犬容易疲倦，因此不宜讓牠過於興奮，大約玩10分鐘就要讓牠回圍欄。

5 讓幼犬睡午覺

幼犬幾乎整天都在睡覺，即使牠睡著了也不用擔心。若牠醒過來了，就讓牠在寵物圍欄內遊戲。

6 晚上也讓幼犬睡在圍欄內

晚上也要讓狗狗睡在圍欄內，但是剛開始的幾天，牠會因寂寞而低鳴。這時請不要理會牠，而是著手整理一處能讓牠安心的環境。

狗狗覺得安心的抱法＆觸摸方式

幼犬因剛到家中而不安時，飼主可藉由身體接觸來讓牠安心。

接觸幼犬時，請用溫柔的語氣對牠說話，並輕輕地觸摸牠。若用凶狠的語氣對幼犬說話，或是用力地觸摸牠，只會讓牠變得害怕飼主，甚至會讓今後的教養訓練無法順利進行。

若想跟狗狗進行身體接觸，就必須熟習擁抱與觸摸狗狗的方法。飼主若能在幼犬的成長過程中，以舒適的抱法與觸摸方式來進行身體接觸，狗狗長大後就會喜歡與人類進行身體接觸。

擁抱的訓練

用穩定的抱法
讓狗狗安心。

正確的抱法之1

一隻手由下往上托住幼犬的腰部和腿，另一隻手則托住幼犬的胸部。

正確的抱法之2

下方的手伸入狗狗的雙腿間托住牠的腹部，另一隻手則托住牠的前腿，以免狗狗摔落地面。

這樣做 NG！

×

抱起幼犬時，千萬不能握住牠的前腿將牠往上舉，這樣容易造成肩膀脫臼！請將手伸入狗狗前腿的腿根處，並慢慢地抱起牠。

34

共同生活的準備與基本的教養

一面抱狗狗一面摸牠

飼主可採取讓幼犬安心的抱法，例如：讓牠安穩地坐在自己膝蓋上面。觸摸方式是順著狗狗的毛流方向慢慢地移動手掌。遊戲時，往毛流的反方向快速地摸狗狗，能讓牠感到開心。

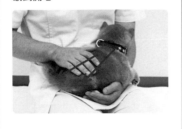

觸摸的訓練

請熟習讓狗狗感到舒適的觸摸方式。

正確的觸摸方式

基本方式是從狗狗的下方或側面伸出手，再撫摸牠的喉嚨下方與腹部。讚美狗狗時，可一面稱讚牠「你真乖呢！」一面採用這種觸摸方式。

column

若抱著狗狗，卻被牠輕咬的話？

狗狗會透過輕咬自己的兄弟來學習控制啃咬的力道，因此幼犬輕咬飼主是相當正常的行為。對換牙期的狗狗而言，啃咬則是一種舒緩不適的方法。不過幼犬啃咬人類的手時，容易誤以為「人類的手＝玩具」，長大之後甚至無法改正這種壞習慣。

為了防止幼犬養成輕咬的習慣，若牠在遊戲途中用力啃咬飼主，請一定要大聲地說「好痛！」並中斷遊戲。當狗狗冷靜下來後，就能再次開始遊戲。若牠又啃咬飼主，請再次說出「好痛！」並中斷遊戲。這種方式能讓幼犬學會「如果咬人的話，有趣的遊戲就會結束」。

這樣做NG！

從狗狗頭上伸出手，會讓牠有威脅感。有些狗狗甚至會害怕地認為飼主是要打牠，請避免這種觸摸方式。

幫助狗狗習慣身體被觸摸的訓練

幫助狗狗習慣
被觸摸，對日後的
清潔或健康檢查
都相當有益

觸摸訓練的目的是希望狗狗任何身體部位被觸摸，都能保持冷靜不抗拒。請飼主於3～16週的社會化時期（p.49）內，每天反覆地進行此項訓練，直到狗狗學會為止。狗狗每一次成功，都要溫柔地誇獎牠喔！

觸摸訓練的步驟

下列為身體部位的觸摸順序。
請循序漸進地觸摸狗狗，
並留意不要讓牠覺得討厭。

2 耳朵

用手指包住狗狗的耳朵，再從耳根摸到耳朵尾端，接著可試著將手指伸到耳洞附近。

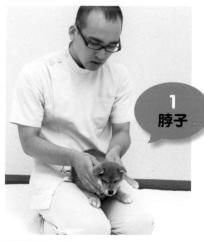

1 脖子

將狗狗安穩地抱在自己的膝蓋上面，再依序觸摸脖子周圍、下巴下面（請參閱p.35的觸摸方式）。

3 鼻吻部

一隻手輕托幼犬的下巴，另一隻手從鼻尖與額頭之間的鼻吻部（口吻）向下摸到鼻尖。有很多狗狗都討厭鼻吻部被觸摸，希望飼主盡早讓牠習慣。

共同生活的準備與基本的教養

打開嘴巴的練習

摸完狗狗的嘴巴周圍後，用手指翻開牠的上唇並觸摸牠的牙齒。先讓狗狗習慣這動作，日後就能輕鬆地幫狗狗刷牙、檢查牙齒、餵藥等。

4 鼻尖

用雙手包住幼犬的臉，再用指尖輕輕地觸摸牠的鼻尖。

5 嘴周

用雙手托住幼犬的臉，再觸摸牠的嘴周。即使狗狗舔飼主的手指也OK。

8 胸口～腹部

單手抱住幼犬的胸部並托起牠的身體，再用手掌觸摸牠的胸口～腹部。

6 腿部

前腿與後腿的摸法相同，都是先握住狗狗的腿，再從腿根摸到腳尖。每根腳趾、趾甲、肉墊都要觸摸。

9 尾巴

用手握住狗狗的尾巴，再由根部向下摸到尾端。有很多狗狗都討厭被觸摸尾巴，希望飼主盡早讓牠習慣。

7 背部

雙手放在狗狗的背部，再順著毛流方向慢慢地向下摸。

最初的飲食請提供適合幼犬的乾糧

飼主在迎接幼犬回家前，必須再次向照顧幼犬至今的人，例如：寵物店員、飼養員、熟悉幼犬的人等，確認幼犬吃慣的乾糧品牌、一天用餐的份量與次數等事項。

若突然改變幼犬的飲食內容，可能會讓牠的身體變差。飼主若想改變，基本上需花費1星期的時間來慢慢調整。

一個星期過後，飼主就須以獸醫營養學的標準，提供狗狗優良的飲食。幼犬成長的速度很快，請配合牠的體重增加飲食份量。

改變乾糧的標準步驟

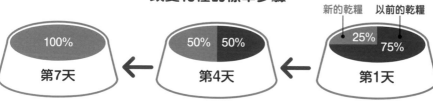

新的乾糧　以前的乾糧

25%
75%

第1天

50% 50%

第4天

100%

第7天

給予食物的訣竅

幼犬用　　成犬用

2 提供幼犬專用的乾糧

請選擇幼犬專用的優良綜合營養食品（p.113）。成犬食用的乾糧，其顆粒大小與營養價值都與幼犬食用的不同。切勿餵狗狗吃人類的飲食。用溫水將乾糧泡軟，再給狗狗食用也OK（請參閱p.115）。

1 在固定的場所用餐

將乾糧裝入狗狗專用的餐具，並讓牠在固定場所用餐。用餐時間與平常不同也沒關係。幼犬的用餐時間若相隔太長，可能會導致低血糖發生，因此請採用少量多餐的方式，讓狗狗每天食用4～5餐。

5 **決定拿開餐具的時間**

經過一段時間後，即使餐具中仍有乾糧也要拿開餐具，以便狗狗學會「主人拿出餐具才是用餐時間、才有乾糧吃」。

3 **採取少量多餐的方式**

幼犬的消化器官尚未發育完全，若一次食用太多乾糧，可能會導致腹瀉或身體不適等情況。剛開始可採取少量多餐的方式，讓狗狗每天食用4～5餐（請參閱p.114）。

4 **狗狗冷靜時，才給予乾糧**

若狗狗用吠叫或吵鬧的方式來催促飼主，千萬不能給牠乾糧，務必等牠冷靜下來再讓牠用餐。若飼主回應狗狗的「要求吠叫」，牠就會認為「吠叫就能獲得食物」（請參閱p.148）。

6 **提供充足的水**

請將水設置在寵物圍欄內，讓狗狗隨時都能補充水分。為了避免狗狗喝水時弄濕地板，也能直接使用飲水器。

若飼主一碰到餐具，狗狗就開始低鳴？

　　狗狗認為他人要搶奪自己得來不易的東西時就會生氣，甚至會在攻擊前以低鳴警告對方。這對狗狗而言，是理所當然的舉動。

　　飼主可一面讓狗狗觀看乾糧，一面將乾糧裝入餐具中。當狗狗了解飼主不是要搶奪牠的食物，就會停止低鳴。

飲食的份量與型態，請參閱p.114～p.115

如廁訓練

**狗狗排泄的時候
就好好地誇獎牠**

如廁訓練的基本法則就是只誇獎不責罵。狗狗若因在不適當的場所排泄而被飼主責罵，就會誤以為排泄本身是一件壞事，甚至可能因害怕被責罵，就躲到窗簾後等場所偷偷地排泄。若狗狗在沒有鋪尿布墊的場所排泄，飼主只要立刻清理乾淨即可。

剛開始請在寵物圍欄內鋪上尿布墊，讓狗狗能在裡面隨意排泄。之後，每當狗狗在寵物圍欄內排泄時，都要記得誇獎牠「你真乖呢！」

排泄的徵兆是？

幼犬會在什麼時間點排泄呢？牠想排泄時，會做出什麼樣的行為呢？公幼犬幾乎不會抬腿小便（標記行為）。

☐ 起床後與用餐後
☐ 跑來跑去、身體活動完後
☐ 反覆地嗅聞地板的味道
☐ 坐立不安、轉來轉去

剛開始的1個星期，請將尿布墊鋪滿整個寵物圍欄的地板。狗狗在其中的任何位置排泄都算成功，所以每當牠排泄的時候，都要記得誇獎牠喔！

選擇符合需求的尿布墊

尿布墊的尺寸、厚度、材質都有各種不同的類型。每種商品都有其優點，有些除臭功能優良、有些吸收力高，請選擇適合愛犬與家中環境的商品。

狗狗學會在②的狀況下，於尿布墊上排泄後，就能再拿掉幾張尿布墊，並且慢慢地縮小範圍。

最後只放1張尿布墊。這時必須將廁所與床墊分開擺放。

狗狗學會在1張尿布墊上排泄後，如廁訓練就完成了！雖然單獨使用尿布墊也沒關係，但是搭配便盆不僅方便清理排泄物，還能防止狗狗啃咬尿布墊。

如廁訓練

從頭開始
達成目標

狗狗能順利地在寵物圍欄內排泄前，圍欄的整片地板都要鋪上尿布墊。

狗狗能順利地在寵物圍欄內排泄後，就能拿掉幾張尿布墊。

讓狗狗充分地遊戲，並享有充足的睡眠

睡眠要充足 每天都要遊戲

幼犬的月齡愈小，每天的睡眠時間就愈多。柴犬可愛的模樣會讓人想好好地寵愛牠，但是當牠正在睡覺時，請讓牠充分地休息，不要隨意地吵醒牠。另外，為了讓狗狗習慣日常生活中的聲音，飼主也不必在牠睡覺期間刻意降低音量。

對幼犬而言，遊戲不僅是開心的活動、良好的刺激，還能讓生活更充實。請各位飼主每天空出一點時間陪狗狗玩吧！但是千萬不能讓幼犬玩得過於疲累喔！

寵物床墊選用市售商品就 OK 了。如包覆住身體般外高內低的造型，能讓幼犬感到安心。為了讓狗狗睡得香甜，請將寵物床墊放在寵物圍欄靠近牆壁的那端；為了區別睡覺與排泄的場所，請將寵物床墊與廁所分開置於圍欄內。

若狗狗夜晚吠叫？

幼犬剛到家那幾天，每到夜深人靜的時候，大多會因寂寞而吠叫。若狗狗一吠叫，飼主就安慰牠、抱牠，牠就會認為「只要吠叫，就會有人理我」，甚至養成夜晚吠叫的習慣。

飼主可在睡前稍微陪幼犬玩，若牠覺得疲倦，就會安靜地睡覺。若上述方法都無法改善，請將寵物圍欄移到飼主的寢室。若家中沒有設置寵物圍欄，請在外出籠內鋪上尿布墊，再讓狗狗進入其中。幼犬只要感受到飼主的氣息，就能安心入睡。

Zzz

共同生活的準備與基本的教養

幼犬的遊戲方式

幼犬尚未完成疫苗接種，就不能開始真正的戶外散步。
下列為此階段的幼犬適合遊玩的遊戲。

③ 室內探索

為了讓狗狗盡快習慣新環境，請讓牠走出寵物圍欄並在室內探索。其實讓狗狗碰觸各式各樣的物品，對社會化（p.49）也有不錯的效果。

① 玩玩具

狗狗專用的玩具五花八門，請讓狗狗玩各種不同的玩具，並找出牠喜愛的類型。狗狗獨自看家時，請放置數種玩具讓牠玩，以免牠感到無聊。

④ 預習散步

狗狗接種完疫苗之前，若飼主想讓牠體驗戶外的各種事物，請採取「預習散步」的方式。這方法不會讓狗狗的身體碰觸到地面，飼主可將牠抱在懷中，或是讓牠待在外出袋。另外，還要避免讓牠與其他狗狗接觸。

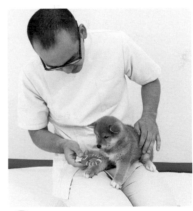

② 與飼主同樂

飼主也要空出時間陪幼犬玩。藉由遊戲能讓狗狗習慣身體被觸摸、被擁抱。

不讓狗狗寂寞的看家訣竅

先讓狗狗習慣短時間看家

若幼犬剛到家中不久，請避免讓牠獨自看家，一定要有某位家人在場。

即使想讓狗狗看家，也要讓牠從30分鐘開始慢慢地習慣，絕對不能突然讓牠長時間看家。狗狗原本就是群居性動物，沒人陪伴就會寂寞，有時甚至會難過地低鳴、吠叫。

好無聊…

別讓狗狗記住「外出的舉動」

飼主想讓狗狗看家，就不能讓牠看見外出前的準備工作。若狗狗記住飼主外出的準備動作，例如：化妝、拿鑰匙、穿外套等，日後當牠看到這些舉動，就會開始焦躁。另外，請在外出前，先帶狗狗充分地散步，若牠覺得疲倦，看家期間就會一直睡覺。

用點心思讓狗狗在看家時不寂寞

狗狗獨自看家時的環境相當重要，因此飼主必須創造出家中有人的景象，例如：開著廣播或電視，讓牠聆聽生活中的聲音。

另外，為了避免狗狗感到無聊，請準備牠喜歡的玩具，或是裝有乾糧的KONG（p.87），讓牠得花時間才能吃到食物。飼主若願意讓狗狗在室內走動，也能將玩具藏在地毯下面或其他場所，讓牠玩尋寶遊戲。

好寂寞喔～

讓狗狗看家的訣竅

③ 給牠需要花費時間才能吃到食物的玩具

飼主能將裝有乾糧的 KONG（p.87）給狗狗再出門。狗狗須花點時間才能吃到玩具內的食物，所以不會感到無聊。

① 外出前讓狗狗感到疲倦

飼主可在外出前，先陪狗狗玩或帶牠去散步。若幼犬還無法自行散步，就請抱著牠外出。狗狗覺得疲倦，就會在看家期間內睡覺。

④ 請務必準備充足的水！

請利用飲水器讓狗狗隨時都能補充新鮮的水分。

② 給牠各式各樣的玩具

若想讓幼犬在寵物圍欄內看家，請事先放入各式各樣的玩具，以免牠感到無聊。

回家後請冷靜地與狗狗接觸

　飼主回家後，接觸狗狗也有一定的訣竅。當飼主看見開心迎向自己的狗狗，一定會想對牠說「對不起，獨自看家很寂寞吧。」並摸摸牠。但是千萬要忍耐！若在狗狗興奮時回應牠的情感，就會讓牠的情緒產生相當大的落差。當牠再次看家時，就會更覺得寂寞。飼主回家後，請保持平常心與狗狗接觸，待牠冷靜下來再摸摸牠。

玩「尋寶遊戲」也不錯

　飼主外出時，若想讓狗狗在室內走動，可將玩具藏在地毯下讓牠玩「尋寶遊戲」，牠若覺得有趣，就會乖乖看家。將玩具藏在多個場所，就能讓牠花更多時間尋找、增加遊戲樂趣。

column

室外飼養的訣竅是？

柴犬從古至今都生活在日本，並且相當適應當地的氣候，因此從前常被飼養在室外。不過，飼養在室外的狗狗，不僅常罹患寄生蟲方面的疾病，還很容易染上跳蚤，甚至還得在人車來往時保持警戒，這些都會讓牠壓力很大。

另外，狗狗在室外的叫聲也比室內響亮，常會對鄰居造成困擾。為了讓狗狗過得更舒適，請盡量將牠飼養在室內。

室外飼養的注意事項

1　一定要設置狗屋

請務必設置狗屋，以確保狗狗有舒適的睡眠場所。狗屋的空間必須能讓狗狗站著進入並伸展四肢。

2　從屋內即可看見的場所

飼養狗狗的地點應選在從屋內就能見到的場所。如此一來，當狗狗出現任何狀況時，就能立刻察覺並解決問題。

3　打造陰涼的場所

為了避免陽光直射狗狗，請選擇陰涼的場所。若周圍沒有樹蔭，請花點功夫設置竹簾。

4　保持清潔

為了防止跳蚤、蜱蟎等其他害蟲，請保持狗屋或飼養場所的清潔。狗狗的落毛與排泄物也必須立即清理，以提供牠舒適的生活環境。

5　留意狗狗以免牠跑走

有些狗狗會被雷聲或引擎聲等突然出現的巨大聲響嚇得逃走。若感覺快要打雷時，請將狗狗帶入室內。請隨時注意項圈與拴起的牽繩是否脫落。

社會化與Puppy訓練

shiba-inu

迎接狗狗回家後，立刻進行教養與社會化

為了讓狗狗能與家人過著幸福舒適的生活，就必須對牠進行「教養」訓練，例如：教牠各種規矩、幫牠習慣環境。飼主必須讓幼犬學會的教養有：遵守用餐、如廁等基本生活規矩、聽從飼主的指示。另外，為了進行最重要的「社會化」訓練，還要讓牠體驗、習慣各式各樣的事物。

柴犬原本就是獵犬，所以對飼主的指示相當敏銳。請善用柴犬的此項優點，並於幼犬時期內好好地教養牠、幫助牠社會化。

幼犬的教養事項

聽從指示語的訓練

教養內容範例

- [ ] 坐下（p.58）
- [ ] 趴下（p.59）
- [ ] 過來（p.60）
- [ ] 等一下（p.62）
- [ ] 握手（p.64）

這項必要的訓練不僅能讓飼主控制住狗狗的行動，也能防止牠發生事故或危險。請反覆地練習，直到狗狗單憑指示語就能完成指示。

基本的生活規矩

教養內容範例

- [ ] 用餐（p.38）
- [ ] 如廁（p.40）
- [ ] 看家（p.44）
- [ ] 狗屋（p.54）等

飼主若希望與狗狗建立良好的關係並和睦相處，就要教導牠基本的生活規矩。

狗狗 column 的社會化 要確實做好！

請在狗狗4個月大前，讓牠體驗各式各樣的事物

對狗狗與貓咪而言，4個月大前都是重要的「社會化時期」。「社會化」指的是幫助狗狗習慣生活中的各種人事物，譬如：習慣腳尖、口腔、尾巴、腹部等身體部位被觸摸；接觸其他狗狗與動物、各種年齡層的人類；帶狗狗到戶外體驗腳踏車、機車、道路、公園、商店街等事物。另外，還要讓牠習慣梳毛、洗澡、刷牙、安靜地待在狗屋內。

狗狗3個月大前的時期特別重要。飼主開始養育狗狗時，狗狗幾乎都已有2個月大，所以社會化時期只剩1～2個月。飼主必須在這段期間內，幫助狗狗學會各式各樣的事物。狗狗確實地學會社會化，就會懂得信賴飼主、其他人與動物，變得聰明又討喜。

狗狗的問題
行為大多與
社會化不足有關

狗狗的問題行為（p.146～）大多都是社會化不足導致的結果。社會化不足的狗狗不僅無法全心信賴他人，還會有高度警戒心與不安全感，有些甚至會過於依賴飼主，或是攻擊他人與其他動物。為了避免上述的情況發生，請盡力幫狗狗完成社會化訓練。

社會化的訓練

訓練內容範例
☐ 習慣身體被觸摸（p.36）
☐ 習慣飼主以外的人（p.66）
☐ 習慣其他狗狗與動物（p.67）
☐ 習慣外界的刺激（p.68）
☐ 習慣吸塵器（p.68）
☐ 習慣車子（p.80）等

其他還有許多與生活相關的事項，例如：習慣刷牙、習慣醫院、習慣門鈴聲等，請飼主幫助狗狗習慣。

多多地讚美狗狗，進行快樂的教養訓練

引導狗狗成功
並讚美牠
而不是責罵牠的失敗

教導狗狗最重要的訣竅，就是讓牠認為某種行為與「美好的回憶」有關連性。請藉由教導狗狗「完成這項行為，就能獲得讚美」、「可以獲得美味的零食」等方式，讓牠學會重複同樣的行為。

即使責罵狗狗的失敗，牠也不會懂自己被罵的原因，只會感到恐懼。對狗狗而言，受到強迫也是一種討厭的回憶。

請反覆地教導狗狗同樣的行為，並多多地讚美牠、餵牠吃喜歡的零食，讓牠能夠開心地學習。

基本的教養方式 5

② 不強迫狗狗

無論當時是否為訓練時間，飼主都不能強迫狗狗、讓牠覺得反感。強壓狗狗的身體或勉強牠從事某種行為，只會讓它更討厭、更抗拒，嚴重的話甚至會破壞雙方的信賴關係。請一面花費心力讓狗狗主動學習，一面循序漸進地持續訓練。

③ 採取短時間的訓練方式並反覆練習

狗狗的專注力大約只有幾分鐘。當飼主打算教狗狗某種行為時，最有效的方法就是採取短時間訓練，並反覆地練習數次。每隻狗狗的學習狀況都不同，但基本上1天練習5次並持續1星期，就能看見明顯的效果。

① 狗狗失敗不責罵；狗狗成功就稱讚

為了提升訓練效率而責罵狗狗，只會造成反效果。無論狗狗完成任何動作，都要一面誇獎牠一面教導牠，以提升牠的學習效率。

正確的讚美方式，請參閱 p.52～p.53

請用這些方式獎勵狗狗

搭配讚美的詞語

可一邊給狗狗獎勵的零食,一邊讚美牠。久而久之,當狗狗一聽到讚美的詞語就會相當開心。

獎勵也是正餐的一部分

用正餐的乾糧作為獎勵也OK,但請從每日飲食中算出獎勵的份量,以免狗狗攝取過多熱量。獎勵的標準份量為每日熱量總攝取量的20%以內(請參閱p.111)。每一次都給狗狗極少量的獎勵。

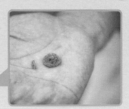

大顆的乾糧請切成 ⅓〜
½,再給狗狗食用。

偶爾餵狗狗吃牠最愛的點心

獎賞的東西狗狗愈喜歡,就愈能提升教養訓練的效果。請事先觀察愛犬最愛的點心等物品,進行高難度訓練與學習新事物時,用牠喜愛的物品獎勵牠。

隨時都能拿出獎勵

為了在狗狗完成動作時,立刻給牠獎勵,請將獎勵的乾糧放在口袋等位置。散步時也可攜帶獎勵的乾糧,以吸引狗狗的目光。

採取隨機給予的方式

剛開始的每一次訓練都要給予獎勵,但當狗狗能成功完成動作後,就不用每次都給獎勵。請採取隨機的方式,以提高獎勵的效果。

給予食物以外的獎勵

對狗狗而言,除了食物之外,讓牠玩玩具、摸摸牠、陪牠玩都是一種獎勵方式。若不想給狗狗食物,請花點心思來準備其他獎勵。

4

狗狗集中力
下降後,請降低
訓練的難度

若訓練數次都無法成功,就必須降低難度讓狗狗完成訓練。請讓狗狗享受成功的滋味,再讓牠稍作休息。

5

請讓狗狗成功
再結束訓練

幫助狗狗了解「訓練是件開心的事」極為重要。即使是簡單的指示也沒關係,請務必讓狗狗成功完成動作並讚美牠,開心地結束訓練。

正確地讚美狗狗，並且避免責罵牠

請同時給予言語讚美與食物獎勵

誇獎狗狗時，請選用「好孩子」等簡短的詞語，再立刻給予食物等獎勵，讓牠了解讚美的詞語與獎勵的關連性。柴犬相當討厭被人觸摸，若牠覺得討厭就不要勉強牠。

責罵會讓狗狗露出攻擊姿態。體罰或威脅絕對NG！

動物有逃離恐懼與痛苦的本能。狗狗若害怕飼主責罵或體罰，就會想逃離飼主身邊。然而，狗狗與人類共同生活時，不是被關在室內，就是被牽繩拴

基本的讚美方式 4

3 同時給予讚美與獎勵

稱讚狗狗時，請同時給予口頭讚美和食物獎勵。持續一段時間後，口頭讚美就會變得跟獎勵一樣有效。另外，人類在讚美時容易發出較高的音調，若不擅長發出高音就不要勉強自己。

4 請觸摸狗狗的喉嚨與腹部

若以掌心向下的手勢來觸摸狗狗，可能會讓牠感到威脅。請將掌心朝上，並溫柔地觸摸牠的喉嚨與腹部。

1 總之就是多多讚美狗狗

責罵狗狗只會造成反效果，根本無法提高教養的成效。狗狗完成某項訓練後，一定要一面讚美牠一面教牠，以提升學習效率。

2 採用簡短的讚美詞語

請用狗狗容易記住的簡短詞語來誇獎牠，例如：「好孩子」、「你真棒」等。

× 　 ○

住，根本沒有逃走的機會。因此，我們作為飼主更應該懂得關心、體諒愛犬。

狗狗一旦無法逃跑，就會為了保護自己而反擊，所以會開始對飼主低吼、用力啃咬。有些飼主會認為狗狗只要吠叫或破壞某些東西，就必須好好管教，但牠們並不想待在責罵牠的人身邊。因此，當狗狗的牽繩被解開時，就會頭也不回地逃走。

制止狗狗行動的方法

基本上只要教導狗狗認為「我這樣做，飼主就不會陪我」、「快樂的事情會結束」即可。

說出其他指示

當狗狗正在啃咬某種物品時，飼主可說出「坐下」、「握手」等指示，讓牠無法啃咬。

無視・離開

若狗狗飛撲到飼主身上，請飼主保持冷靜並無視牠，甚至離開現場也沒關係（請參閱p.150）。

隱藏・收拾

請將狗狗不能碰觸的東西收拾好。另外，若狗狗輕咬飼主的手指，請飼主採取冷靜的應對方式，例如：將手指藏到背後，或是讓牠無法咬到手指。

基本的訓練① 「狗屋」

1

向狗狗說明「這是狗屋」，再讓牠觀看狗屋內部。

2

一面對狗狗說「狗屋」，一面在狗屋中放置乾糧。

3

即使狗狗的身體沒有完全進入狗屋，也要安靜地等牠吃完乾糧。

請先練習所有訓練的基礎 「眼神交流」

這是狗狗教養中最基礎的訓練，目的是希望飼主呼喚狗狗名字時，牠能留意並看著飼主。請在接狗狗回家當天就開始練習，並讓牠確實地學會。

1

一面呼喚狗狗的名字，一面越過零食對上狗狗的視線，再引導牠看向自己。

2

視線確實地交會後，一面讚美牠「好孩子」一面餵牠吃零食。

❶秘訣

●用狗狗最愛的食物或零食，就能快速地引導牠看向自己。

●請於用餐、遊戲、散步等場合練習眼神交流，讓狗狗學會隨時留意飼主的動向。

教導狗狗「狗屋」＝舒適的生活場所

請教導狗狗「狗屋是舒適的生活空間」，並讓牠學會主動進入狗屋。狗狗學會這項訓練對飼主相當有益，無論是帶牠去動物醫院，或是牠討厭的客人來訪，只要讓牠待在狗屋內就能解決這些問題。

狗屋的大小必須能讓狗狗在裡面轉身。放入玩具或乾糧就相當舒適囉！

這樣做NG！

千萬不能推狗狗的屁股，或是托起牠的身體將牠放入狗屋！這種強迫的行為只會讓牠變得討厭狗屋，請耐心地等牠主動進入狗屋。

④

當狗狗進入狗屋並轉身面向門口後，請繼續開著門並暫時觀察牠的情況。

若狗狗走出狗屋…

若狗狗吃完乾糧就離開狗屋，請再次將乾糧放入狗屋中讓牠食用。

⑤

若狗狗安靜地待在裡面，而且沒有想要離開的徵兆，就悄悄地關上門。

「寵物圍欄」

幼犬剛到家中時，狗屋的狀況是…

為了防止狗狗如廁失敗，寵物圍欄內要鋪上尿布墊。日後再慢慢地減少尿布墊的數量，直到剩下一片為止。請記得設置飲用水、寵物床墊、玩具（請參閱p.31）。

幼犬剛到家的時候。

慢慢地減少尿布墊的鋪設範圍。

為了避免誤食或事故 請讓狗狗習慣寵物圍欄

寵物圍欄是狗狗在室內的私人空間。請教導狗狗寵物圍欄是一處舒適的場所，不僅能在裡面好好地用餐，還能在床墊上安心地休息，並讓牠學會主動進入圍欄。

若打算讓狗狗在室內隨意走動，最好先讓牠喜歡上寵物圍欄。若狗狗學會在看家、飼主睡覺等期間內安靜地待在寵物圍欄中，日後遇到無法照看牠的情況，就能避免牠發生事故與誤食。

秘訣

● 開始寵物圍欄的訓練前，請先教狗狗學會眼神交流與「等一下」。飼主只要一面透過眼神交流，一面指示「等一下」，就能讓狗狗安靜地待在寵物圍欄內。

● 活潑的狗狗有時會跳出或跨出圍欄，所以為了保障狗狗的安全，請選擇有屋頂的寵物圍欄。

附有屋頂（另外販售）的狗屋。

不論狗狗開始玩遊戲或冷靜下來，都要開著門並觀察牠。

一面讓狗狗觀看玩具與乾糧，一面引導牠進入寵物圍欄。

若狗狗沒有離開圍欄的徵兆，而且模樣相當睏倦或放鬆，就悄悄地關門，讓牠自由地待在裡面。

等待狗狗主動進入圍欄。若狗狗馬上就想離開，讓牠自由地進出也OK。請藉由放入新玩具等方式，讓寵物圍欄變得更有吸引力，接著再次引導狗狗進入。重複幾次後，狗狗就會了解狗屋是個舒適的場所，並學會主動進入。

基本的
訓練
③

「坐下」

開始訓練的基本姿勢

在全部的訓練中，「坐下」是僅次於眼神交流的基本訓練。希望狗狗冷靜下來時，請先從「坐下」的動作開始進行。

剛開始請一面獎勵狗狗乾糧，一面練習。請反覆練習，直到狗狗沒獲得乾糧也會聽從指示坐下。

這樣做NG！

即使狗狗不坐下，飼主也不能強壓狗狗的屁股。由於狗狗被強迫就會不開心，所以強迫牠坐下根本沒有實質效果。請反覆地練習以下的步驟，若狗狗還是無法完成動作，請於其他時間再次練習。

③ 在狗狗臀部壓低的瞬間對牠說「坐下」，剛開始要立刻獎勵牠乾糧。若狗狗學會這項動作，就能讓牠保持坐姿。

④ 若狗狗乖乖地等待，就一面讚美牠「好孩子」，一面餵牠吃獎勵的乾糧。

① 為了引起狗狗的興趣，請讓牠觀看並嗅聞乾糧。

② 在狗狗臉部上面一點的位置讓牠觀看乾糧，牠的臀部就會自然地向下壓低。

基本的
訓練
④

「趴下」

不僅能讓狗狗放鬆
還能防止事故發生

狗狗做這項動作時，身體的高度會比「坐下」更低。這姿勢與睡覺的姿勢相似，因此能讓牠保持冷靜並放鬆。另外，當狗狗在散步途中因看到其他狗狗而興奮時，讓牠趴下就能避免牠衝向對方，所以也有預防事故與意外的功效。

這樣做NG！

若狗狗無法確實地趴下，絕對不能拉牠的前腿來強迫牠趴下。請嘗試其他方式，像是改變握著零食的手的移動速度。

③

請等待狗狗做出連腹部都碰觸到地面的「趴下」姿勢。

①

在狗狗的臉下方讓牠觀看乾糧，再慢慢地將手移向地面。

④

狗狗「趴下」後，請一面讚美牠「好孩子」一面餵牠吃獎勵的乾糧。

②

在狗狗觀看乾糧及壓低身體的瞬間對牠說「趴下」。

「過來」

單人的情況

①

先讓狗狗「坐下」，再讓牠觀看乾糧並注意飼主。為了讓狗狗在戶外也能應用這項技能，請先為牠戴上牽繩再開始練習。

②

遠離狗狗1～2步。雙方距離愈遠，訓練難度就愈高，請從極短的距離開始練習。

③

呼喚狗狗「過來」，若牠稍微走近飼主，就給予讚美和獎勵。剛開始請反覆地練習這項訓練。

為了飼主與狗狗的安全，必須讓牠學會聽到飼主呼喚就立刻回到飼主身邊

務必要教導狗狗學會這項技能，才能保護牠與他人的安全，避免各種危險事故，例如：狗狗突然逃離某場所、對他人造成危害、卷入交通事故等。

這項訓練的方式有兩種，一種是飼主獨自訓練狗狗，另一種是飼主與他人共同訓練狗狗。

當狗狗在散步等情況離開飼主身邊時，飼主就能運用這項重要的技巧，呼喚牠回到自己身邊。請

提升訓練的難度

當狗狗學會聽到「過來」的指示，就主動走近飼主後，請於步驟②時指示狗狗「等一下（p.62）」，再盡量拉開雙方距離，接著對牠說「過來」。

社會化與 Puppy 訓練

雙人的情況

1

一人握著牽繩並讓狗狗「坐下」，另一人從距離狗狗稍遠的位置，讓牠觀看乾糧再呼喚牠「過來」。為了不讓狗狗在移動時轉移注意力，請握住牽繩的人不要發出聲音。

2

若狗狗走到呼喚的人身邊，就給牠獎勵。

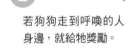

我來囉～！

❗ 秘訣

請盡量在散步或用餐等開心的場合使用「過來」的指示。若飼主只在刷牙、清潔耳朵等狗狗討厭的場合呼喊牠「過來」，牠就會對「過來」產生不好的印象。

基本的訓練 ⑥ 「等一下」

基本的訓練 ⑥

這種狀況的「等一下」

①

先讓狗狗「坐下（p.58）」，再進行眼神交流。

②

飼主先慢慢地後退，當狗狗隨著飼主的動作抬起臀部，就說出「等一下」來制止牠。

③

即使雙方的距離很短也沒關係，狗狗只要在飼主後退的期間安靜地在原地等待，訓練就成功了。飼主可以說出「好了」、「OK」等指示，讓狗狗靠近自己並給牠獎勵。請反覆地練習，並讓狗狗學會即使雙方相距2～3步，也要安靜地等待。

這項重要的訓練可應用於眾多狀況

這項技能可應用於各式各樣的狀況，例如：制止狗狗在散步途中走向其他狗狗，或防止牠突然飛奔出去。這項訓練相當重要，請務必反覆地練習，直到狗狗確實地學會為止。

另外，等待飼主許可才能用餐的訓練，也可運用「等一下」的指示語，但不一定要讓狗狗學習。請將用餐訓練當成一種溝通方式，與狗狗一同快樂地練習吧！

❶ 秘訣

飼主能搭配制止的手勢（請參考步驟③的照片），讓狗狗更了解指示語的意思。當牠單憑口頭指示就能完成動作，就不需搭配手勢。

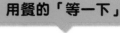

用餐的「等一下」

> ### ❗ 秘訣
>
> 「等一下」訓練的關鍵就是眼神交流。用餐的「等一下」訓練，是為了讓狗狗了解提供飲食的人是誰，所以一定要先眼神交流再開始訓練。不過，對狗狗而言，長時間等待用餐相當痛苦，所以讓牠短暫地等待就OK了。

① 先讓狗狗「坐下」，再讓牠觀看餐具。

③ 讓狗狗等待數秒就OK了。

② 在稍微離開狗狗的位置放下餐具。在狗狗想要移動的瞬間說出「等一下」，再將餐具向後移動。

④ 若狗狗有稍微等待，就先說出「好了」、「OK」等指示，再讓牠用餐。請反覆地練習，直到狗狗學會即使與餐具相距不遠，還是會等待飼主的指示。

基本的
訓練
7

「握手」

狗狗與飼主的溝通

「握手」的動作就是讓狗狗將腳尖放到飼主手上，其不僅能建立雙方的信賴關係，也能讓狗狗享受接觸的樂趣。這不是必要的教養訓練，所以飼主能把它當成一種溝通方式，與狗狗一同快樂地練習。

STEP1　使用乾糧

1

先讓狗狗「坐下（p.58）」，再進行眼神交流，接著一面讓牠觀看食物，一面握起食物。

2

狗狗想要獲得食物，就會嘗試各式各樣的方法。當牠伸出前腿的瞬間，就立刻對牠說「握手」並握著牠的前腿，接著再張開手餵牠吃乾糧。

> **❗ 秘訣**
>
> ● 請反覆地用食物引導狗狗，直到牠伸出前腿為止。
> ● 獎勵的食物選擇能握在手中的大小即可。

STEP 2　不使用乾糧

①

先讓狗狗「坐下」，再進行眼神交流，接著說出「握手」並將手伸到地面前。

②

若狗狗一聽到「握手」，就將前腿放到飼主手上，請先握住牠的前腿再讚美牠，接著餵牠吃獎勵的乾糧。

讓狗狗習慣各種事物，進行社會化訓練

飼主迎接幼犬回家後，狗狗就會進入「社會化時期」（p.49），請務必幫助牠習慣各式各樣的事物。

這項訓練的目的是讓狗狗習慣各種事物，但絕對不能讓牠感到恐懼或厭惡。

萬一不小心讓狗狗感到恐懼，請趁牠尚未記住討厭的記憶前，立刻給牠零食或陪牠玩，確實地修正牠的想法。

1 讓狗狗嗅聞對方的味道。剛開始可將手伸到狗狗鼻子前面讓牠聞。

2 狗狗稍微習慣後，就能摸牠的喉嚨周圍。

3 若狗狗相當冷靜，對方就能讓牠坐在自己膝蓋上並摸牠。飼主可在旁邊觀看，讓狗狗更加安心。

習慣人類

想要讓狗狗習慣人類，就必須讓牠了解「人類相當寵愛自己」。請先從飼主的家人或周遭的朋友開始，讓狗狗慢慢地習慣人類，接著再讓牠接觸更多不同的人群，例如：其他男女老幼、各種不同職業的人、各種不同的聲音、高矮胖瘦的體型等。

這樣做NG！

陌生人突然抱住狗狗。

手從狗狗上方摸牠的頭（狗狗會感到壓力）。

在室外

剛開始先讓愛犬從遠處觀看對方的狗狗。

慢慢地縮短雙方的距離，直到可以碰到對方為止。這時還是得先讓雙方嗅聞對方的屁股。

習慣其他狗狗

即使飼主想讓愛犬與散步途中遇到的狗狗，或是朋友的狗狗和睦相處，也不能突然讓愛犬接觸對方，否則這份美意可能會變成狗狗的惡夢。請讓牠們慢慢地面對面接觸吧！剛開始先讓愛犬接觸穩重的狗狗，就能讓牠感到安心。

在室內

先讓牠們嗅聞對方的屁股來打招呼，請不要突然讓牠們面對面。

若雙方打完招呼後都相當冷靜，就能讓牠們面對面接觸。

幼犬與媽媽或兄弟共同生活，對社會化相當有益

狗狗出生後幾週內，讓牠與媽媽或同胎兄弟共同生活，對社會化會相當有益。不論是媽媽溫柔地舔牠或與兄弟嬉戲，都能讓狗狗學會不害怕其他狗狗。請避免讓狗狗剛出生就離開媽媽身邊，以免妨礙牠學習社會化。

習慣自然環境

請讓狗狗接觸身邊的自然環境，像是花草等植物、河川的流水聲、地板與草地的觸感等。若狗狗尚未接種完疫苗，請飼主抱著牠預習散步（p.74）。

習慣人群與噪音

請讓狗狗體驗車子、腳踏車、救護車等各式各樣的車種與噪音、擁擠的人群與雜音等。狗狗會因興奮而疲倦，所以回家後請讓牠好好地休息。

習慣動物醫院

若狗狗害怕站在診療台上，或對獸醫師採取攻擊的姿態，就無法順利地接受診療。請在看診結束後給狗狗零食，讓牠對醫院有好印象，這樣就能減輕雙方看診時的負擔。

習慣家中的物品
（習慣吸塵器）

有些狗狗會因不習慣身邊的東西，像是吸塵器、吹風機、門鈴等，出現過於敏感的反應。請幫助狗狗在社會化時期內習慣這些日常事物，讓生活更加輕鬆愉快。下列為習慣吸塵器的範例。

關閉吸塵器的電源，再讓狗狗接觸它。為了讓狗狗對吸塵器有好印象，請在吸塵器周圍放置20顆左右的乾糧，管子上也能塗抹牠喜歡的食物味道。

狗狗習慣靜止的吸塵器後，就從強度低的轉動開始讓牠慢慢習慣。最終目標是移動吸塵器時，不需放置乾糧。

習慣清潔

梳毛（p.96）、剪趾甲（p.105）、刷牙（p.106）等清潔，也要讓狗狗盡早習慣。剛開始請先進行「觸摸訓練（p.36）」，讓狗狗習慣身體被觸摸。

請幫助狗狗習慣身邊的所有事物！

散步、外出的訓練

s h i b a - i n u

適合柴犬的散步時間、次數、路線

柴犬最喜歡的散步是每天必做的功課

對狗狗而言，散步不僅是一種運動，也是轉換心情的方式。再者，適當地接受外界的刺激，對幼犬而言，是社會化時期不可或缺的過程；對高齡犬而言，則有防止老化的效果。而且，飼主與愛犬也能在這過程中，享受愉快的溝通時光。請積極地帶狗狗外出散步吧！

即使有些飼主會認為散步＝排泄時間，但讓狗狗學會在家排泄卻是基本的教養。倘若狗狗習慣在散步途中排泄，當牠年紀變大、腰腿無力時，就會因為不懂得在室內排泄，導致一連串的災

次數 for a walk

一天2次以上最理想

若情況允許的話，每天帶狗狗散步2次以上最為理想，而且其中一次一定要讓牠達到充足的活動量。天候不佳時，一天只散步一次也沒有關係，但請在家好好地陪狗狗玩，以抒解牠的壓力。

時間 for a walk

成犬一天散步1小時以上

幼犬接種完疫苗後，飼主就能開始讓牠在地面散步（請參閱p.76）。剛開始請先在住家附近散步，再慢慢地增加散步的距離與時間，循序漸進地讓狗狗學會自行散步。

健康的成犬每天散步1小時左右為佳。請一面觀察愛犬的身體狀況，一面陪牠在公園等場所散步、玩球、奔跑等，讓牠自由地活動身體。

散步、外出的訓練

難發生（請參閱 p. 152）。

散步的必備用品清單

飼主一定要攜帶水與喝水的器具。喝水的器具有可折疊的款式，攜帶與收納都相當方便。即使狗狗沒有在戶外排泄的習慣，還是要隨時攜帶撿便袋。零食請攜帶兩種類型，一種用於獎勵狗狗完成訓練，一種用於吸引狗狗的注意。

- ☐ 水
- ☐ 喝水的器具
- ☐ 撿便袋
- ☐ 衛生紙
- ☐ 獎勵的零食
- ☐ 玩具

路線
for a walk

每天規劃
些許變化

為了提升狗狗的樂趣與學習社會化，偶爾改變散步的路線也不錯喔！即使選擇相同的路線也沒關係，途中只要經過一條不同的道路，或是行進方向與平時相反，就能讓狗狗感到新奇有趣。改變路線會發現各種不同的驚喜，像是遇見陌生的狗狗等。另外，除了帶狗狗經過柏油路之外，還要讓牠接觸土壤、草地等不同材質的道路。

時間點
for a walk

隨機的方式才 OK

大致決定外出散步的時間是早晨或黃昏（或夜晚）就 OK 了。不決定準確的散步時間，能讓狗狗更期待外出散步。決定好確切的散步時間，說不定會讓狗狗習慣一到那時間點，就用吠叫的方式來要求外出散步。

請避免在悶熱、寒冷的時間點帶狗狗外出散步，例如：夏季中午、冬天早晨或夜晚等。特別是夏天，請盡量選擇涼爽的時間外出，以免狗狗中暑。

幫助狗狗在幼犬期習慣胸背帶與牽繩

幼犬首次的外出散步，請於疫苗接種完成後再進行。許多狗狗都相當討厭身體受到束縛，所以不能因為要帶狗狗外出散步，就突然讓牠戴胸背帶與牽繩。請在狗狗首次外出散步前，先在室內訓練牠習慣項圈與胸背帶。

這項訓練請於社會化時期（p.49）內進行，也就是狗狗出生後3～16週之前。狗狗習慣在室內戴著外出裝備後，外出散步時就不會討厭那種束縛感，便能順利地完成散步訓練。

狗狗偶爾掙脫項圈，或是因突然移動而拉扯牽繩，都會對牠的

胸背帶的配戴方式

※若狗狗不喜歡，請邊餵牠食物邊戴胸背帶。

1

選擇適合狗狗身材的胸背帶，再將其攤開在地板上，接著將前腿套入胸背帶。

2

舉起狗狗的上半身，再將牠的前腿穿過胸背帶，接著將胸背帶固定在牠的胸前。

3

確實地扣上背部的環扣後，胸背帶就配戴完成了。

4

請確認鬆緊度是否適當，或狗狗的脖子與胸口是否感到不適等，若有上述情況請立刻調整胸背帶。若狗狗安靜地等飼主戴完，就給牠獎勵的食物。

散步、外出的訓練

脖子造成負擔，因此本書並不推薦使用項圈。胸背帶則是不錯的選擇，其能完整地包覆狗狗的上半身，讓牠難以掙脫，即使突然受到牽繩拉扯，造成的負擔也比較小。

若狗狗習慣胸背帶，第一次外出散步就會相當順利。

胸背帶 & 牽繩組合

套組的款式比較容易配戴。

丹寧材質有一定的強韌度，而且相當結實。

這類型的長度較寬廣，能讓幼犬從小用到大。

牽繩的配戴方式

將牽繩扣在狗狗背部的胸背帶扣環上。

配戴完成後，讓狗狗在家中來回走動，以幫助牠習慣。

協助狗狗習慣項圈

即使狗狗習慣配戴胸背帶散步，有時也會遇到須要配戴項圈的情況。項圈不僅是一種時尚配件，還能讓飼主快速地找到遊戲中的愛犬，讓狗狗在社會化時期習慣項圈益處多多呢！

請於社會化時期進行預習散步

從狗狗小時候開始
就抱著牠
進行預習散步

即使幼犬尚未接種完疫苗前，都有可能感染各種疾病。若想外出散步，飼主就必須抱著狗狗，並注意不要讓牠碰觸到地面。然而，狗狗出生後3～16週是重要的社會化時期（p.49），不論疫苗是否接種完成，都須帶牠到戶外見識各種人事物、聆聽各種聲音，幫助牠習慣外界環境。

若狗狗身體健康，接牠回家的隔天就能進行預習散步。雖然牠只是讓飼主抱著，並不會接觸到地面，但還是要記得讓牠戴胸背帶與牽繩，以免牠逃跑。

預習散步的範例

習慣身邊的事物

請讓狗狗觀看、嗅聞身邊的事物，例如：自用車、腳踏車、庭院裡的工具、樹木、盆栽等（幫狗狗習慣搭車的方法，請參閱p.80～81）。

習慣道路上的車聲、嘈雜聲

當狗狗習慣戶外的環境後，就能帶牠到車流量較大的道路。請讓牠聆聽各式各樣的聲音，像是車子的噪音、喇叭聲、救護車的警鈴等，並且讓牠觀看行進中的人車。

習慣公園裡的自然景觀、人、其他動物

剛開始請先讓狗狗習慣人煙較少的公園等安靜的場所。為了刺激狗狗的感官，請讓牠從較遠的位置觀看其他人或狗狗，或是讓牠嗅聞葉子的味道。

part
3

散步、外出的訓練

預防狗狗因逃走、地震等原因而迷路

為了以防萬一，狗狗必須配戴能夠驗證身分的證件！

　　若狗狗身上沒有能證明身分的證件，當狗狗因從家中逃跑而迷路，或是因地震的紛亂場面而與家人分離時，即使幸運地受到他人保護，能夠回到飼主身邊的機率也相當低。為了保護我們的狗狗家人，請務必為牠們擬好迷路的對策。

- -

1 　**施打微晶片**

　　微晶片是一種可注射進狗狗體內的膠囊，其直徑為2mm，長為12mm，上面記錄著狗狗的ID編號，能讓他人辨識狗狗的身分。他人能透過專用的讀取機了解每隻狗狗的身分，不論經過多少時日都相當有效。近年來，有愈來愈多的國家規定飼主在前往海外前，必須讓愛犬施打微晶片，日本也是其中之一。若飼主打算為狗狗施打晶片，請選擇有此服務的動物醫院。

2 　**配戴名牌**

　　請將狗狗的名片與名牌裝入吊牌內，再戴到項圈或胸背帶上面，以防狗狗走失。

可同時裝入
名片
與名牌
的吊牌。

錢幣形狀的
ID金屬名牌。

BIRDIE
03-3460-7048
NAGATA

散步時的走路方式訓練

**教導狗狗走路的方式
進行快樂安全的散步**

狗狗接種完疫苗後，終於要開始初次的自行散步了。對飼主而言，能與愛犬共同散步肯定無比開心。對狗狗而言，散步是牠最喜歡的時間，所以容易因開心而到處亂跑。為了避免狗狗發生事故或意外，請務必教牠學會配合飼主的步調。

另外，還要事先教導狗狗保持冷靜，讓牠即使在散步途中遇見其他狗狗，也能冷靜地與對方接觸。請先確實地教導狗狗散步的禮儀，再享受開心又安全的散步時光吧！

基本的走路方式
跟著飼主行走

**指示語是
「過來」**

這項訓練的目的是希望在散步途中，
狗狗能夠不拉扯牽繩，並配合飼主的步調走在飼主旁邊。

2 保持基本姿勢並等狗狗冷靜下來，再呼喚牠的名字並進行眼神交流，接著一面讓牠留意飼主一面慢慢地開始行走。狗狗稍微走在飼主前面或後面都沒關係。

1 基本的站姿。先讓狗狗站在自己左側，再用慣用手確實地握住牽繩的一端，另一隻手則握在牽繩的中間，讓牽繩垂下的長度不會過長（不會拉扯到牽繩的長度）。

散步、外出的訓練

狗狗先向前
跑的話…

用聲音或食物
呼喚牠回來。

用牽繩拉回狗狗是NG行為！

即使狗狗因為急著向前衝而拉扯牽繩，飼主用牽繩拉回狗狗也只會造成反效果。狗狗的習性是一受到拉扯，就會往反方向動作。因此若出現這種情況，請先叫牠的名字，再一面讓牠看乾糧一面呼喚牠回來，接著再次回復基本的站姿，最後餵牠食物，讓牠注意飼主。等狗狗冷靜下來後，再重新開始散步。請反覆地進行這項訓練（請參閱p.151）。

④

若狗狗先向前走或被其他東西吸引而停止不動，千萬不能拉扯牽繩來吸引牠的注意。請用玩具或食物等物品，並說出「過來」讓狗狗回來。

③

請飼主在散步途中持續對狗狗說話，讓牠一直注意飼主的動向。若狗狗在短距離的散步期間都沒拉扯牽繩就算成功了！請記得給牠讚美與獎勵喔！

與其他狗狗擦肩而過

這項訓練的目的是希望狗狗遇到其他狗狗時，
不會向對方吠叫並冷靜地離開對方。

❗ 秘訣

當遇到其他狗狗時，最重要的就是不讓愛犬感到恐懼。剛開始進行訓練時，請選擇冷靜的幼犬或小型犬。若當時接近的是大型犬，請立刻帶著愛犬離開。

當其他狗狗從前方靠近時，先將牽繩的長度握短，接著雙方飼主皆讓狗狗走在外側，自己走在內側。當雙方接近時，請對狗狗說話以吸引牠的注意力，並且快速地經過對方。

若狗狗還是朝著對方走去呢？ 🐾

請指示狗狗「坐下」或「趴下」，並讓牠當場做出指示的動作。這樣不僅能讓牠停止走向對方，還能緩解牠的緊張情緒。

保持這種狀態快速地經過對方。若朋友有飼養冷靜的小型犬，請盡量拜託對方陪你一起練習。

散步、外出的訓練

讓狗狗互相打招呼

為了讓愛犬能與其他狗狗遊戲，
第一步就是讓牠學會冷靜地與初次見面的狗狗打招呼。

❗ 秘訣

與狗狗同伴的打招呼訓練，剛開請請拜託朋友幫忙會比較安全。請選擇與愛犬體型相同、冷靜的狗狗。若雙方相處不來，請立刻分開牠們，絕對不要強迫牠們相處。

千萬不要突然讓牠們面對面

初次見面的狗狗若在面對面之前，尚未嗅聞對方的屁股，就會出現決鬥的意識，氣勢較弱的狗狗甚至會感到害怕。請先讓牠們嗅聞對方的屁股。

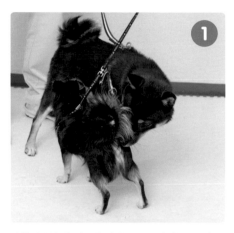

讓雙方的狗狗嗅聞對方的屁股。狗狗自己會決定誰先嗅聞對方，偶爾也會出現同時嗅聞對方的情況。

與①相反的情況。這個行為結束後，就可以讓牠們面對面。

帶狗狗搭乘交通工具外出

若要帶狗狗出遠門，選擇搭車的方式會比較方便。為了保障行車安全，即使狗狗個性沉穩，也務必要讓牠待在外出籠內。請將牠放在腳邊，或綁上安全帶防止牠掉下車椅。

有些狗狗可能會出現暈車的情況，因此最好先讓狗狗從短程的兜風開始慢慢地習慣。狗狗暈車的徵兆是一直打哈欠、流口水、無意義的吠叫等，遇到這種情況請打開窗戶通風，或是停車讓狗狗離開外出籠，呼吸車外的新鮮空氣。

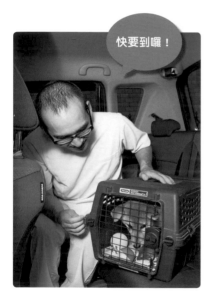

快要到囉！

偶爾對牠說話

飼主若將外出籠放在車椅上，請記得用手或安全帶固定它，並注意不要讓它掉下車椅。請在車子行進期間隨時確認狗狗是否暈車，並不時對牠說話，以免牠感到害怕或無聊。

喜歡的玩具

外出籠內
相當舒適

搭車外出時，請讓狗狗進入慣用的外出籠或外出袋。將一些狗狗喜歡的玩具放入放出籠中，就能讓牠感到放鬆。請記得再次進行「狗屋」的教養（p.54）。

搭乘大眾交通工具的話？

大眾交通工具的規定會因營運的公司與車型不同而有所差異，
請於搭乘前再次確認相關規定。

飛機

出發前，請先讓狗狗進入外出籠，再寄放於櫃檯。外出籠會被放在飛機的貨物室。貨物室與客艙同樣有配置空調。日本有不少航空公司會於旅客到達目的地後，由地勤人員親手將狗狗送到飼主手中，不會把狗狗當成行李來對待。託運的費用會因飛行距離而有所差異，日本國內的航線基本上1個外出籠會收取5000日圓。

電車

請於有站員的購票窗口購買行李用的車票（相當於狗狗的車票），再用其進入車站內（飼主的車票請於其他窗口購買）。請讓狗狗待在外出籠或外出袋內，在車廂內絕對不能放牠出來。若狗狗吠叫或低鳴，請於中途下車，待狗狗冷靜下來後，再次搭車。有些公司會限制外出籠的尺寸與重量，請於事前確認清楚。

搭車或外出前，
先繫上禮貌帶就能安心出遊

外出時可使用方便的禮貌帶（生理褲）。禮貌帶的寬度能夾入犬用的衛生棉與尿布墊，只要將其繫在狗狗的腰部就能吸收尿液，所以不會弄髒車內或該處的沙發，而且還能解決母犬的月經清潔問題，簡直就是幫了飼主一個大忙。

先為狗狗繫上禮貌帶再前往公共場所，是飼主必須遵守的基本禮儀。市售的商品五花八門，請為狗狗挑選適合的尺寸。

丹寧材質禮貌帶的內側
有經過防水處理。

剛開始先站在地毯上面

剛開始先讓狗狗站在地毯上面。用食物引導狗狗走向地毯，當牠走入地毯就讚美牠並餵牠食物。

 「趴下」的情況　 「坐下」的情況

握著食物的手緩緩地靠向地面，當狗狗趴下後，就對牠說「地毯」。

先讓牠保持①的動作，再讓牠觀看食物並說出「坐下」。

若狗狗在地毯上保持「趴下」的姿勢，就讚美牠並餵牠食物。

狗狗「坐下」後，立刻讚美牠並餵牠食物。

column

為了進入咖啡廳的訓練

　　即使有些咖啡廳允許狗狗進入店內，但狗狗也須學會在遇見其他客人或狗狗時，保持冷靜的態度。請務必教導狗狗學會在地毯上「坐下（p.58）」與「趴下（p.59）」。有些狗狗學習速度較慢，請保持耐心讓牠慢慢習慣。當狗狗學會安靜地待在地毯上後，就能跟飼主一同前往咖啡廳囉！

刺激狗狗身心的遊戲

s h i b a - i n u

與柴犬快樂地遊戲！

幼犬極具好奇心，因此會拿飼主不希望牠碰觸的物品來惡作劇，或是進入飼主不希望牠進的場所。

請事先預測狗狗的行為，並且採取因應的對策，譬如：將不希望狗狗碰觸的物品收拾好，或是在不希望狗狗進入的場所前設置柵欄等。除了上述方法之外，藉由遊戲來刺激與滿足狗狗的好奇心與探究心，也能降低牠惡作劇的頻率。再者，讓狗狗從遊戲中獲得各式各樣的經驗，對幼犬的社會化（p.49）也相當有益。

柴犬原本是生活於山野中的獵犬，所以非常喜歡能夠活動身體的遊戲，而且天生體力良好，所以足不出戶或散步時間太短，都會讓牠無法消耗多餘的體力，有些狗狗甚至會因此累積不少壓力。請積極地陪狗狗活動身體，讓牠釋放多餘的精力。狗狗若充分地活動身體，晚上就會安然入睡，並改正在深夜吠叫的行為。

遊戲不僅是飼主與狗狗的溝通管道，也是促進雙方感情的方法，請務必要重視每天與狗狗的遊戲時間。

一面遊戲一面訓練「放開」

用玩具或球陪狗狗玩時，請進行「放開」的訓練，讓牠學會放開咬住的物品。這項訓練的方式是用食物跟狗狗交換牠咬住的物品。請反覆地練習，直到狗狗單憑「放開」的指示，就會放開咬住的物品。

抓住狗狗咬住的玩具後，把乾糧給牠看，再對牠說「放開」。

狗狗被食物吸引而放開咬住的玩具後，就先讚美牠「好孩子」，再餵牠乾糧。

⚠ 秘訣

● 經常讓狗狗獲勝，讓牠享受獲得獵物的喜悅。
● 玩具不僅能向前後拉扯，也能向左右拉扯，請自由變換拉扯方向。
● 請注意，若狗狗興奮起來，可能會啃咬飼主的手。請於狗狗感到興奮前結束遊戲。

推薦的遊戲❶

拉扯遊戲

這項遊戲利用狗狗「被拉就會往反方向移動」這特性。其能刺激狗狗的狩獵本能，並且滿足牠的占有慾。

為了吸引狗狗咬住玩具，可以小幅度地晃動玩具，或是在狗狗鼻子前讓牠觀看玩具。當狗狗咬住玩具後，就一面施力或放鬆，一面與牠拉扯玩具。

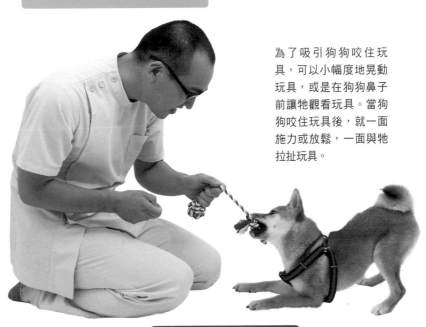

拉扯遊戲的玩具

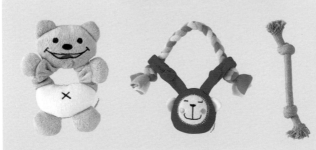

拉扯玩具請選擇安全無毒的材質，以及狗狗容易啃咬、飼主方便抓握的類型。

推薦的遊戲❷

尋寶遊戲

這項遊戲是讓狗狗利用敏銳的嗅覺來找出隱藏的食物。其不僅能刺激狗狗的本能，還能培養牠的專注力，消耗過盛的體力。

❗ 秘訣

● 將食物直接放在地毯下面也OK，但是將食物裝入KONG能讓狗狗在找到之後，享受細細品嚐食物的樂趣。

● 還能藏在沙發或書櫃的角落等。

先將裝有食物的KONG（請參閱左頁）藏在地毯下面，再帶狗狗走向地毯附近，接著對牠說「找出來」讓牠去尋找。

戰利品＝享用裝在KONG中的食物。

讓狗狗自由地探索地毯下面。當牠找出KONG後，就誇獎牠。

86

刺激狗狗身心的遊戲

想要拿出食物就必須晃動或翻轉KONG，所以狗狗會很認真地想辦法倒出食物！

> **！ 秘訣**
>
> 這項遊戲能讓狗狗在飼主外出時，盡情地玩到忘記時間，因此有排解寂寞的效果（請參閱p.44）。

推薦的遊戲❸

益智玩具的遊戲

右頁所用的益智玩具KONG，其內部能裝入一定份量的食物。狗狗會為了吃到KONG中的食物而啃咬、轉動它，所以能玩上一段時間。這項遊戲不僅能刺激狗狗的狩獵本能，還能訓練牠的專注力與獨立心。

各式各樣的益智玩具

可裝入食物的益智玩具有各式各樣的形狀。每種商品的材質與柔軟度都不同，食物掉出的難易度也有所差異，請事先準備數種類型讓狗狗保持新鮮感。

KONG 的用法

●裝入乾糧

從KONG底部的洞裝入乾糧。

啞鈴形狀　　栗子形狀

香菇形狀

●裝入犬用營養膏

在KONG的內側擠上營養膏，或是抹上用熱水泡軟的乾糧。

擠入營養膏後放入數顆乾糧，接著擠壓KONG讓乾糧與營養膏黏在一起，增加食物掉出的難度。

圓桶狀　　圓球狀

先與狗狗進行眼神交流，再讓牠觀看球並引起牠的興趣，接著當狗狗專注於球時，就將球丟出去。

請記得在狗狗追球的期間握好牽繩。當狗狗咬住球後，就用「過來」的指示（p.60）讓牠回來，接著用「放開」的指示（p.84）讓牠放開球。若狗狗乖乖地放開球，就一面讚美牠一面餵牠獎勵的食物。若狗狗不放開球，就讓牠看另一顆早已備好的球，當牠想要新的球時，就會放開口中的球。

各式各樣的球

球有布料、橡膠等各式各樣的材質，尺寸也有適合幼犬或成犬的類型，請選擇適合狗狗的產品。另外，有彈性的材質比較不會傷害狗狗的牙齒。

推薦的遊戲❹

球類遊戲

這項遊戲是讓狗狗去追飼主拋出的球，再撿回給飼主。其能刺激並滿足狗狗「想抓住移動的物體」這本能。

室內

將球放在狗狗面前讓牠觀看，再轉動球以引起牠的興趣。

一面對狗狗說「這是球」，一面將球從自己手邊滾到地面前。雖然幼犬無法啃咬尺寸太大的球，但還是能讓牠嗅聞或舔拭球的味道。若室內有一定的空間，還能將球輕輕地拋出去。

推薦的遊戲❺

在寵物公園運動

寵物公園是一處用圍欄圍起的空間，狗狗不必繫著牽繩，就能在裡面自由自在地奔跑遊戲，所以喜歡運動的柴犬肯定也會相當興奮。

寵物公園的禮儀

❶事先讓狗狗排泄

請於進入寵物公園前，先讓狗狗排泄，以免場內被尿液或糞便弄髒。若狗狗不小心在裡面排泄，請立即清理牠的排泄物。

❷留意出入口，防止狗狗溜走

出入口大多都會有兩扇門，進出時千萬不要讓兩扇門同時敞開。進出公園時，請確實地握住狗狗的牽繩。

❸先確認安全，再解開牽繩

先讓愛犬繫著牽繩並陪牠繞一圈寵物公園，以確認是否有牠不喜歡的狗狗，或門是否有確實地關好。狗狗冷靜下來後，就能解開牽繩。

❹留意狗狗的動向

狗狗可能會在飼主移開視線的期間，在寵物公園內與其他狗狗打架或是排泄。請持續留意愛犬的動向，並在牠發生意外前立刻應對。

> **❗ 秘訣**
>
> 請於前往寵物公園前，確實地讓狗狗學會聽從「過來」（p.60）、「等一下」（p.62）等指示，以便順利地遊戲。另外，有些尚未與主人培養出良好默契的狗狗也會到寵物公園，所以請務必注意，別讓愛犬發生意外。

為了避免愛犬與其他狗狗打架，請專心地留意愛犬的動向。

令人困擾的「遊戲」該如何改善？

狗狗認為有趣的遊戲，有時卻是困擾飼主的行為。

那麼，這些煩惱到底該如何解決呢？

（請參閱第7章）

啃咬家中的物品或家具

為什麼？

這種情況也是因為狗狗把家中的物品與家具當成玩具了。明明只是讓狗狗看家，沒想到回家一看⋯⋯「拖鞋變得破破爛爛了！」、「家電的電線被咬得支離破碎！」等，各位是否常聽到這些壞消息呢？

試著這樣做

將不希望狗狗啃咬的物品收到牠碰不到的場所。無法挪動的家具可用圍欄圍起，或是如右方建議般噴上防啃咬噴霧等。當然，還要記得提供各種玩具給狗狗玩。

把尿布墊弄得亂七八糟、四分五裂

為什麼？

狗狗會把尿布墊當成玩具，是因為玩具數量不多。當牠覺得玩尿布墊很好玩，就會認為尿布墊＝玩具。

試著這樣做

在狗狗身邊放置各種能咬、能玩的物品。若牠無論如何都要玩尿布墊，請選用能固定尿布墊的便盆，讓牠無法再啃咬尿布墊。若上述的方法皆無效，請試著在尿布墊上噴上些許防啃咬噴霧。

微笑

part
5

日常的
清潔保養

s h i b a - i n u

這些是柴犬的基本清潔！

為了預防皮膚病 請養成清潔的習慣

柴犬是短毛的品種，平常不需要特地美容，因此有些飼主便會認為不必常幫愛犬清潔。

然而，柴犬的皮膚相當敏感，罹患皮膚病的機率也很高。為了預防狗狗罹患皮膚病，就必須透過梳毛或洗澡來清除落毛與汙垢，以便保持牠皮膚的整潔。

另外，請勤幫狗狗修剪趾甲，以及清潔耳朵、眼睛、牙齒等。

藉由觸摸狗狗的身體，不僅能確認牠全身的狀況，還能與牠進行身體接觸，所以務必要每天幫狗狗清潔喔！

日常清潔所需的用品

橡膠梳	排梳	針梳	剪刀
趾甲剪	牙刷 （潔牙布）	紗布	電剪

必要的清潔

5 刷牙
⇨ p.106

食物殘渣若殘留在牙齒或牙齦上，就容易形成牙結石，嚴重的話甚至會導致牙周病、牙齦炎等症狀。請讓狗狗於幼犬期習慣刷牙，並每天幫牠清潔牙齒。

1 梳毛
⇨ p.96～97

清除落毛、髒汙、皮屑、跳蚤等。適當的刺激能促進狗狗的血液循環，並加速皮膚的新陳代謝，讓皮脂分泌較高的毛帶有光澤感。

6 清潔眼周
⇨ p.107

眼睛周圍容易在散步途中沾染髒汙，所以回家後必須幫狗狗擦拭乾淨。請於清潔時確認狗狗眼睛的狀況，如有沒有眼屎等。

2 洗澡＆吹乾
⇨ p.98～103

沖洗落毛、清除髒污，以便維持毛皮的整潔。請注意過度清潔會讓狗狗的皮脂過度流失，進而導致皮膚病。

7 清潔耳朵
⇨ p.107

柴犬是短毛豎耳，所以耳朵相當靈活，罹患耳部疾病的機率也比垂耳狗低。不過，柴犬相當容易罹患皮膚病，請留意由過敏性皮膚炎引起的外耳炎。

3 剪毛
⇨ p.104

室內飼養的狗狗若肉墊周圍的毛太長，就容易在木質地板上面滑倒。肛門周圍的毛太長，就容易沾染上糞便，因此毛一定要適時剪短。

8 散步後的清潔
⇨ p.108

即使外出散步的時間不是雨後，狗狗的腿部與身體還是相當容易弄髒。若放著髒汙不清潔，就容易導致皮膚病，因此回家後請幫狗狗擦除身上的髒汙。

4 剪趾甲
⇨ p.105

狗狗趾甲的生長速度會因散步頻率等狀況而不同。請經常確認狗狗的趾甲是否會妨礙牠行走、是否有刺到肉墊等。

了解柴犬被毛的特徵

柴犬的被毛為雙層毛

柴犬的被毛為 Double coat，也就是身上有雙層毛。外層的長毛稱為 Under coat（外毛）；內層的短毛稱為 Over coat（內毛）。

柴犬想生存於四季分明的日本，就必須適應各個季節的溫度，因此牠們為了調節體溫，便演化出這種構造的毛被。雙層毛不僅能彈開水分，還能防止肌膚乾燥與病原體的入侵。

白色的毛為 Under coat；
黑色的毛為 Over coat。

排梳的用法

○
不握得太過用力，輕輕地握住即可。

×
這種握法會過於用力握住把手！

用排梳清除跳蚤

尋找跳蚤的方法是一面用細目排梳梳毛，一面用手指掀起小範圍的雙層毛，直到能見到內毛的程度。跳蚤移動的速度很快，所以必須快速地梳毛才能抓到牠。

換毛期的毛的狀態

每年皆有換毛期

柴犬茂密的雙層毛會逐漸地開始換毛。每隻狗狗換毛的情況多少有些差異，但是落毛較多的時期每年有2次，大多都是春季與秋季。特別是春夏交接的期間，更是會掉落相當多的毛。

掉毛最多的其實是內層的Over coat，但是因為上層還有Under coat，所以脫落的內毛容易黏在皮膚上面。若飼主一直放置不管，狗狗的皮膚就容易附著蟎、跳蚤，或是產生異味，有時還會導致皮膚病的發生，因此換毛期務必每天幫狗狗梳毛。

換毛期請用橡膠梳幫狗狗清潔

換毛期用橡膠梳幫狗狗梳毛，效果會比較好。為了防止健康的毛脫落，請使用間距較小的那一面，再一面用手撥開狗狗的毛，一面仔細地梳整全身的毛。

梳毛

　　基本的清潔就是為了清潔皮膚，並且保養出帶有光澤的毛。梳毛的頻率：平常是每週1次；換毛期是每天1次；散步後則一定要梳理。請依照身體部位與毛的厚度，分別使用針梳與橡膠梳來梳理。

腿部 ▶ 用針梳或橡膠梳都沒關係，方便操作的工具都OK。這裡用的是面積較大的針梳。從腿根開始將毛梳開。

針梳的用法

不握得太過用力，輕輕地握住即可。

這種握法過於用力，握住把手×！

不讓針梳前端刺到狗狗的皮膚，並與毛流保持平行方向，再往自己的方向移動。

若針梳與狗狗的皮膚呈傾斜角度，前端可能會刮傷其皮膚。針梳請與毛流呈平行方向，而不是垂直方向。

梳毛工具

橡膠梳

不僅能清除落毛，還有按摩的功效。針梳無法順利清潔的部分，只用橡膠梳清潔也OK。

針梳

用於梳整較長的腿毛。針梳容易弄傷狗狗的皮膚，請參考右側的正確拿法與梳毛方式。

排梳

用粗目梳整細毛；用細目清除跳蚤。同一支排梳同時有粗目與細目會比較方便。

頸部～臉部 ▶ 脖子的毛較厚且落毛較多，所以使用橡膠梳。輕輕地托起狗狗的下巴，再溫柔地梳毛。

背部 ▶ 背部面積較廣，所以使用針梳。從脖子下方開始仔細地梳毛。

! 秘訣

背部的毛比較長，所以要從毛根梳到Under coat。

尾巴 ▶ 討厭被梳尾巴毛的狗狗很多，所以盡量最後再梳理這個部位。

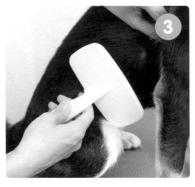

腹部 ▶ 從背部繞一圈到腹部，用針梳梳整腹部的毛。

洗澡

柴犬是短毛，若皮膚狀況良好，大約每個月洗1次澡就OK了。然而，若狗狗身體沾染大量髒汙，還是得幫牠洗澡。洗澡時，請使用狗狗專用的洗毛精。有不少柴犬的皮膚較脆弱，若洗毛精才用過一次，牠就出現搔癢、皮膚變紅等狀況，請立刻改用適合牠皮膚且刺激性低的產品。若想使用其他廠牌的潤毛精與護毛精，也請選擇適合狗狗肌膚的產品。另外，選用有潤絲效果的洗毛精也OK。洗澡前，請先仔細地幫狗狗梳毛。

最後將頭與臉部打濕。為了避免水流進狗狗耳朵裡，請用手指壓住牠的耳朵，或用棉花作為耳塞。若狗狗討厭沖洗臉部，就用濕海綿幫牠沾濕。

洗毛精直接抹在狗狗的皮膚上，會對牠的皮膚造成刺激，或是讓洗毛精流向其他部位。請先用水將洗毛精溶解於臉盆內，並稀釋成濃度較低的洗毛液。

洗澡

洗澡的順序是先清洗離臉最遠的部位。用30～35度的溫水將狗狗全身打濕。為了避免溫水四處噴濺，請將水量轉小一點，並盡量將蓮蓬頭靠近狗狗的身體。請在進行此步驟的期間，順便幫狗狗擠肛門腺（p.100）。

前腿▶仔細地清洗肉墊與趾間等部位。

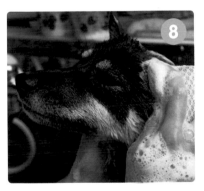

頸部～頭部▶身體清洗完後,就是清洗頭部與臉部。若狗狗討厭清洗這些部位,就用海綿沾取洗毛液的方式來幫牠清洗。清洗時,請注意不要讓洗毛液流入狗狗的眼睛與耳朵。

下半身▶從屁股開始抹上洗毛液。請依照後腿→尾巴→下半身的順序,抹上洗毛液。

背部▶手指向毛流的反方向移動,並依照從上到下、從下半身到背部・腹部的順序,用指腹搓洗。

腹部・胸部▶從背部繞一圈,清洗胸部與腹部。這些部位的毛量較少,請留意不要讓指甲刮傷狗狗的皮膚。

沖洗

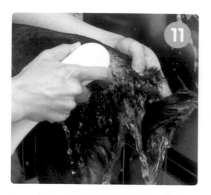

下半身 ▶ 沖洗後腿與尾巴等下半身部位。腿部內側與尾巴根部等死角容易殘留洗毛液，請盡量將蓮蓬頭靠近這些部位，並且仔細地清洗乾淨。

頭部～臉部 ▶ 為了沖掉泡沫與髒污，請依照從上到下、從頭到腳的順序來沖洗。沖洗臉部時，為了避免水流進狗狗的鼻子與耳朵，請將水量轉小並盡量將蓮蓬頭靠近狗狗。若狗狗討厭沖洗這些部位，請用濕海棉來幫牠清洗。

洗澡時，不要忘記「擠肛門囊」

　　狗狗的屁股有稱為「肛門腺」的分泌器官，其分泌的液體若積存於「肛門囊」，就會造成搔癢或發炎的症狀。請於抹上洗毛精前，狗狗身體已打濕之際，幫牠擠肛門線。若將肛門以時鐘方向來標示，就是捏住4、8點鐘方向並向上搓揉。難聞的褐色分泌物飛濺出來後，請立刻沖洗乾淨。

上半身 ▶ 沖洗前腿與上半身。毛較厚的部分，請一面用手撥開毛，一面仔細地沖洗外毛與內毛。

臉部

部分清洗

平常每個月清洗一次全身即可，但身體某些部位因散步等情況而弄髒時，若不立刻清理乾淨，就會造成皮膚問題。請用濕毛巾等工具，盡快幫狗狗清理身上的髒汙。

臉是相當容易弄髒的部位，而且常會黏著食物碎屑或雜草。先將海綿用溫水沾濕，再輕輕地擰乾，接著用海綿清洗嘴巴周圍與下巴等部位。若狗狗討厭海綿，用蓮蓬頭沖洗也OK。

屁股

腿部

若有排泄物黏在屁股上，用蓮蓬頭沖洗會比較輕鬆。用溫水沖洗後，請仔細地擦乾淨。

腿是最容易弄髒的部位，飼主可直接用蓮蓬頭沖洗，或是用水桶舀起溫水沖洗。

吹乾

　　柴犬雖然是短毛，卻有雙層毛的特徵（請參閱 p.94），所以內層的 Under coat（內毛）會比較難吹乾。狗狗的毛若沒有完全吹乾，就容易造成皮膚發臭或皮膚病。狗狗在洗完澡後，會先抖動自己的身體將水分甩掉，請飼主等牠完成這行為後，再用毛巾與吹風機幫牠將毛完全吹乾。

請依照由上到下的原則，從臉部開始幫狗狗擦乾。用毛巾包住手指的方式，擦乾耳洞附近的水分。

從頸部開始依序擦乾胸部、背部的水分。如同逆梳般將毛巾往毛流的反方向移動，並仔細地擦乾內層的 Under coat 的水分。

狗狗抖動身體將水分甩掉後，請溫柔地用毛巾包住牠的全身，再用輕拍的方式讓毛巾吸收水分，而不是用毛巾摩擦牠的身體。

為了連同內層的 Under coat 都完全吹乾，請一面用針梳將毛逆梳，一面用吹風機仔細地吹。

背部到腿部內側擦乾後，就擦拭前腿與後腿。請用毛巾包住腿部的方式來擦乾水分，而不是用摩擦的方式。

梳子難以梳整的部分，就一面用手逆梳一面用吹風機吹乾。全身都吹整完後，再次觸摸狗狗全身，檢查是否還有濕潤的部分。

用吹風機與針梳來吹整狗狗的毛。吹風機若是溫風，請選擇最低的溫度。若是溫度較高的季節，選擇冷風也OK。請注意不要使用太強的風力。

✦ 完成了！

若想用兩手幫狗狗梳整，只要將吹風機夾在胸前即可。

修剪腳底的毛

用剪刀修剪肉墊周圍的毛。請一面用剪刀前端修剪肉墊間的毛，一面留意別劃傷狗狗的皮膚。

用手指撐開肉墊間的空隙，再用電剪修剪超出肉墊的毛也OK。

修剪肛門周圍的毛

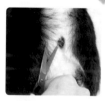

用剪刀修剪屁股周圍的長毛。

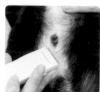

用電剪修剪也OK。

剪毛

　　每一隻狗狗毛的長度與生長方式都不大相同，短毛的柴犬平常不特地幫牠修剪也沒關係。不過，為了不讓狗狗在木質地板上面滑倒，請將肉墊周圍的毛剪短；為了讓狗狗保持清潔，請將屁股周圍的毛剪短，以免沾黏到排泄物。

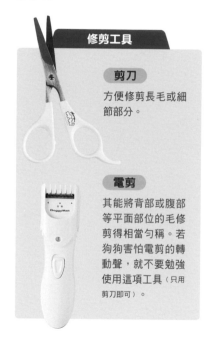

修剪工具

剪刀

方便修剪長毛或細節部分。

電剪

其能將背部或腹部等平面部位的毛修剪得相當勻稱。若狗狗害怕電剪的轉動聲，就不要勉強使用這項工具（只用剪刀即可）。

臉部與耳朵的毛不需要勉強修剪

　　有些犬種必須勤勞地修剪臉部周圍的毛，但是柴犬臉部與耳朵的毛只會長到一定長度，所以基本上不修剪也沒關係。然而，若臉部周圍的毛長得較長，還是需要修剪。修剪時，請留意不要讓剪刀戳到狗狗眼睛、劃傷牠的肌膚。若遇到狗狗亂動等危險情況，請帶牠到寵物沙龍修剪。

日常的清潔保養

剪趾甲

　　狗狗的趾甲太長就會妨礙行走，肉墊有時還會被倒勾的趾甲刺傷。有些狗狗的趾甲會在散步時自然地磨短，所以每隻狗狗剪趾甲的頻率都不大相同。請定期檢查狗狗的趾甲，若太長就幫牠修剪吧！

　　請抱住狗狗的身體，以免牠亂動。用拇指與食指確實地夾住趾頭再修剪。若有2個人幫狗狗剪趾甲，就一個人負責托住牠的身體，一個人負責修剪。狗狗的趾甲內有神經與血管，請留意不要剪到這些部分。

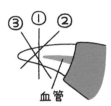

①直接剪掉血管前的趾甲。
②③修剪左右兩端的尖角，並整理成自然的形狀。

剪趾甲的工具

趾甲剪

趾甲剪的類型五花八門，請選擇順手好用的產品。柴犬的趾甲較硬，用右側的類型會比較好剪。

不要忘記修剪狼爪

　　狼爪是狗狗腿部內側稍微偏上的趾甲，平常不會碰觸到地面，所以比其他趾甲更容易長長。狼爪長得太長，不僅會撕裂地毯等物品，還可能讓狗狗受傷。剪趾甲時請連同狼爪一起修剪。修剪的方式與其他趾甲相同。

拿剪刀時，請將刀刃面向自己，若拿反則容易將趾甲剪得過短。

用手指圈住狗狗的嘴巴，並快速地幫牠刷牙。

刷牙

　　為了預防狗狗的口腔問題，不論選擇飼養在室內或室外，都要讓牠習慣每天刷牙1次。請用牙刷、潔牙布或濕紗布等，幫狗狗清除牙齒上的汙垢。若牠不願意張開嘴巴，或討厭被碰觸口腔與嘴巴周圍，就改用有潔牙效果的玩具。請從幼犬期開始進行張嘴的訓練（p.37），以免狗狗討厭刷牙。

若狗狗討厭牙刷，就用潔牙布、濕紗布或毛巾等包住手指，再幫牠擦拭每一顆牙齒。

牙齒・口腔內的疾病，請參閱p.138

刷牙工具

牙刷

前端為360度的刷頭，只要將它靠在狗狗的牙齒上，就能輕鬆地刷除牙垢。

潔牙布

成分為100％天然的富里酸。材質為網狀薄布，能夠輕鬆地擦除牙垢。

用手固定住狗狗下巴，再用濕毛巾、紗布、棉花等物品，從眼頭擦拭到眼尾。若狗狗經常有眼屎，可能是罹患眼疾，請立刻帶牠到動物醫院檢查。請不要碰到眼屎，並將用過的棉花丟掉。

清潔眼周

柴犬身體健康，眼睛周圍就不容易產生髒汙，但有時也會在散步時，因灰塵或途經草叢等原因而弄髒。散步回家後，請確認狗狗的眼睛是否有髒汙或罹患眼疾。

眼睛的疾病，請參閱p.136～137

用擰乾的濕毛巾或紗布裹住指尖，再用手指擦拭耳洞內與周圍的汙垢。洗澡完擦拭身體時，也能順便清潔耳朵。狗狗的耳朵常會因棉花棒太過深入而受傷，所以使用棉花棒時，清潔耳洞周圍的髒汙即可。

清潔耳朵

柴犬的皮膚問題較多，常會因過敏性皮膚炎（p.132）引發外耳炎。除了洗澡時間外，平時也要定期幫狗狗清理耳朵，確認其是否罹患耳疾。

耳朵的疾病，請參閱p.138

擦拭腿部

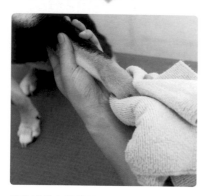

外出時最容易弄髒的就是腿部。用濕毛巾包住狗狗的腿，再仔細地擦乾淨。請一面確認狗狗的腳掌是否有受傷，一面擦拭肉墊。

擦拭肛門周圍

狗狗在室外排泄時，有時也會弄髒肛門周圍的毛。請用濕紙巾或毛巾等工具擦拭乾淨。

散步後的清潔

　　狗狗在雨後等情況外出散步時，常會弄髒腳尖、腿部等部位。即使戶外天氣晴朗，身體偶爾也會沾染上塵土等髒汙。為了預防皮膚病，請務必要替狗狗擦拭乾淨。若髒汙較多，請採取部分清洗的方式（p.101）。

若狗狗討厭清潔或洗澡？

　　若狗狗曾因被強迫清潔或洗澡，產生疼痛或恐懼等討厭的回憶，就會不喜歡這些行為。

　　強迫狗狗清潔，只會讓牠更反感、更抗拒。請餵狗狗吃喜歡的食物，並趁牠專心品嚐時，快速地幫牠清潔身體。若狗狗還是相當在意，就用聯想法讓牠認為「清潔或洗澡時能獲得零食」。若上述方式仍然無法改善，就帶狗狗到寵物沙龍或醫院清潔吧！一味地勉強狗狗，說不定會破壞雙方的信賴關係喔！

飲食・健康管理
與容易罹患的疾病

shiba-inu

柴犬的飲食 希望飼主事先了解的知識

狗狗所需的營養比例與消化機能，都與人類大不相同。某些人類食品可能會讓牠們消化不良或中毒（請參閱下列清單），因此千萬不能提供牠們人類的飲食。

狗狗嚐過人類的食物後，可能會喜歡上食物的滋味，並要求飼主提供相同的飲食，有些甚至會拒吃乾糧。最重要的飲食規則，就是提供狗狗品質優良的乾糧。

（挑選・提供乾糧的方法，請參閱（p.112～p.115）。

不能餵狗狗吃的食物 ✕

❶會引起食物中毒的食物

☐ 蔥類（洋蔥、青蔥、韭菜等）

⇒ 這類食物的成分會破壞紅血球，因此會引起貧血或血尿等症狀。含有這些食材的湯汁也要避免。

☐ 巧克力等可可亞類

⇒ 這類食物會引起腹瀉、嘔吐、異常興奮、痙攣等症狀。咖啡等含有咖啡因的食物也不行。

☐ 葡萄、葡萄乾

⇒ 這類食物會引起腹瀉、嘔吐、沒有精神、腎衰竭等疾病。

☐ 有毒植物

（水仙、鈴蘭、仙客來、聖誕紅、夾竹桃、大蒜）

⇒ 有毒植物會導致狗狗中毒，所以必須注意不讓狗狗吞入口中。

❷會導致腹瀉等症狀的食物

☐ 蝦子、螃蟹、魷魚、章魚、貝類、人喝的鮮奶、菇類、蒟蒻、酪梨、生肉

⇒ 這些食物容易引起消化不良，最好別讓狗狗食用。生肉上可能潛藏細菌。

❸食用過量對身體不好的食物

☐ 人類的提味食材（砂糖、鹽、調味料等）

☐ 糖分多的食物（蛋糕、甜點等）

☐ 鹽分多的食物（火腿、香腸、點心等）

☐ 油分多的食物（培根、火腿等）

☐ 牛肉、牛肝

⇒ 舉例來說，犬用乾糧（綜合營養食品）的鹽分濃度為0.25%，與之相比，火腿就是1.1%。若持續提供狗狗這些食物，就會對牠的身體造成負擔。糖分與油分較多的食品也是導致肥胖的原因。

幼犬飲食的基本知識，請參閱 p.38～39

Q 可以自己烹調狗狗的飲食嗎？

A 狗狗是雜食動物，不論給牠任何人類的食物，牠都會吞進肚子裡。有些飼主會給狗狗吃家中的剩飯，但是對狗狗而言，人類食物的鹽分、糖分、油分都過高，因此常會造成營養方面的問題。

有些飼主希望提供狗狗安全的飲食，所以選擇親手烹調狗狗的食物。然而，若沒有專業知識，也無法提供狗狗充足的營養。況且當狗狗生病時，有時也必須配合治療方式來提供飲食，因此從小就讓牠習慣吃犬用乾糧相當重要。

若非得親手烹調狗狗的飲食，請採取「平常提供乾糧，偶爾提供手做料理」這方式。烹調前，請注意是否有狗狗不能吃的食材。加熱食材時，請不要調味。

Q 可以餵狗狗吃零食嗎？

A 一般而言，飼主並不需要讓狗狗吃零食，但是在與狗狗進行溝通或訓練時，零食就是個方便的工具。請注意，狗狗能吃的只有犬用零食，而且不能過量。請將零食算入正餐中，並重新調整正餐的份量。從1天的總卡路里量中算出零食的卡路里量，再減少正餐的卡路里量。零食的卡路里量基本為正餐的百分之二十。請不要一直讓狗狗吃最愛的零食，而是於訓練期間或牠討厭的情況下，例如：打針或剪趾甲等，使用零食獎勵牠。

依照目的／型態來挑選狗糧的方法

正餐選用「綜合營養食品」以便攝取均衡營養

狗糧的商品種類五花八門，依照目的，*能分成3大類型。

❶ 主食（綜合營養食品）

主食必須能讓狗狗均衡地攝取所需的營養。請連同標準份量的水一起給狗狗食用，讓牠能充分地攝取維持健康、成長、成長所需的營養。請隨著狗狗的成長，更換適合牠年齡的狗糧。狗狗一歲之前都是黃金成長期，因此請提供牠營養價值高的飲食。

❷ 點心（零食、點心）

點心的種類琳瑯滿目，有皮骨、餅乾、肉乾等。若狗狗食用

❸ 其他目的的飲食

這類別主要是作為副食品，或是配合營養管理、食物療法等。

副食品上面經常會標示「一般食品」，用人類的情況來比喻就是「菜餚」。人類若只食用菜餚，而沒有同時食用米飯與其他蔬果，就無法攝取均衡的營養。同理可證，若狗狗只食用一般食品，當然也會造成營養不均衡。一般食品最好還是作為副食品，或作為綜合營養食品的擺盤。

另外，為了補充特定的營養或卡路里的「營養補充餐」，以及為了治療疾病所採用的「特別療

過量，就會造成肥胖，因此請將其當作獎勵，用於特殊場合（請參閱p.51）。

法餐」，都請依照獸醫師的指示準備。

狗糧外包裝上面能確認的事項

- ☐ 目地（「成犬用綜合營養食品」等）
- ☐ 內容
- ☐ 提供方式（標準的食用份量）
- ☐ 保存期限
- ☐ 成分
- ☐ 原料
- ☐ 原產國 等

> **総合栄養食【ドッグフード】**
> この商品は、ペットフード公正取引協議会の承認する給与試験の結果、幼犬・妊娠・授乳期の母犬用の総合栄養食であることが証明されています。
> AAFCO（米国飼料検査官協会）の幼犬用、妊娠・授乳期の母犬用総合基準と基準をクリア

狗糧的檢查機關主要是美國的「AAFCO（美國飼料管理協會）」、日本的「Pet Food Fair Trade Association」。已通過營養標準檢測的狗糧，外包裝上面皆會記載通過檢驗的文字。

*依照 Pet Food Fair Trade Association 的分類。

飲食・健康管理與容易罹患的疾病

水分從乾燥～濕潤 共分成3種類型

狗糧依照水分的含量分成乾燥、半濕潤、濕潤。

乾糧在保存與衛生方面都相當優良，而且綜合營養食品大多為此種類，因此不僅能提供狗狗均衡的營養，還有預防牙結石的功效。

水分含量較多的濕潤／半濕潤的狗糧，因口感、味道都相當不錯，所以容易讓狗狗吃上癮。但是這些大多都不是綜合營養食品，因此無法作為每日的主食。

狗糧的種類

依照水分含量的分類

**Dry Soft
Dry Type**
水分含量
10～35%
（脆）

Semi Moist Type
水分含量
25～35%
（半軟）

Wet Type
水分含量 80%
（罐裝、真空包裝等）

依照目的分類

●主食（綜合營養食品）●
適合各年齡層的均衡營養食品。

PUPPY
12個月大前的幼犬・母犬專用

ADULT
1～6歲的成犬專用

LIGNT
肥胖傾向的成犬專用

SENIOR
7歲以上的高齡犬專用

濕潤類型的綜合營養食品

幼犬、母犬用罐頭

成犬用罐頭

●點心●
獎勵或特殊場合專用的食物

肉乾類的點心

幼犬・母犬用　　成犬用

●其他目的的飲食●
作為副食品或其他目的的食物

治療皮膚疾病的飲食療法食品

成長期・回復期的營養管理食品

標準飲食的次數、份量、硬度

請隨著狗狗的成長減少用餐次數

幼犬的消化器官尚未發育完全，無法一次吃下大量的食物，因此一天的飲食需要分成數次。

請注意幼犬的飲食時間相隔太久，容易引發低血糖。

剛到家中的幼犬（出生後2個月），每天的飲食可分成3～5次，之後再配合牠的成長狀況，減少用餐的次數（請參考下列表格）。

幼犬長到10～11個月左右後，就要將高卡路里的幼犬乾糧換成成犬乾糧，用餐次數則改為一天2次，時間為早上與晚上。

月齡與正餐次數的標準

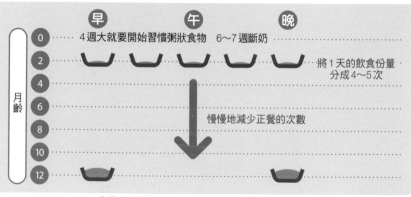

來源 日本Hill's Colgate株式會社的官方網站

根據年齡與體重決定飲食的份量

一天的飲食份量必須根據狗狗的年齡（月齡）、體重決定。食品外包裝上也會標示標準份量。

若狗狗立刻吃完標準份量，並且舔拭乾糧碗，就表示份量不足。成長期的幼犬代謝速度較快，因此必須提供牠充足的飲食。若發生飲食份量不足的情況，請於下次的用餐時間增加百分之十的份量，並且觀察狗狗的情況。突然增加飲食份量會導致狗狗消化不良，因此每一餐都增加些許份量即可。

狗狗在3個月大前，體重會逐漸增加；4～5個月大時，成長

3個月大
還是成長期！

1歲
體格幾乎
發育完全

飲食・健康管理與容易罹患的疾病

速度就會逐漸減緩；10～11個月大左右，體格幾乎發育完全，若之後體重增加就是發胖了。請好好地控制飲食份量，以免狗狗變得肥胖。

標準的飲食份量

（1天的g・1杯200cc的杯子約為85g）

幼犬										
體重	0.5kg	1kg	1.5kg	2kg	2.5kg	3kg	3.5kg	4kg	4.5kg	5kg
份量 ～4個月前	35	55	75	95	110	125	140	155	170	185
份量 4～9個月	30	45	65	80	90	105	120	130	145	155
份量 10～12個月	25	40	50	65	75	85	95	105	115	125

成犬									
體重	1kg	2kg	3kg	4kg	5kg	6kg	8kg	10kg	15kg
份量	30	50	70	85	100	115	145	170	230

＊幼犬→SCIENCE DIET.　PUPPY／成犬→SCIENCE DIET. Adult 為例

離乳食品的作法

依照下列比例混和

乾糧（搗碎）

乾糧
1
：
溫水
3

濕糧

乾糧
1
：
溫水
1

4～6週大要開始吃柔軟的離乳食品

幼犬出生後4週起，就要開始吃母乳或犬用牛奶之外的食品。

離乳食品的作法是用溫水將乾糧泡軟。剛開始先讓狗狗吃柔軟的食物，再慢慢地減少浸泡的水分，直到接近固態食品為止。狗狗6～7週大就該斷奶，並改吃固態的乾糧。

平常要健康檢查

請隨時注意狗狗的狀況是否不同以往

請觀察狗狗的行為、食慾、排泄狀況等，若出現以下情況就必須立刻就醫。

管理狗狗的健康是飼主的重要功課，因為牠們無法訴說自己身體不舒服。飼主平常若有仔細地觀察狗狗，就能夠察覺到牠們的細微變化，例如：「食慾比平常還差」、「今天不太想活動」等，請當個細心的飼主吧！

若狗狗出現與平常不同的行為，或是身體狀況變差，請立刻帶牠就醫。另外，請尋找一間設備完善、診療技術高超，以及值得信賴的動物醫院。

若出現下列狀況請立即就醫！

□ 頻繁地抓撓身體

當狗狗持續地抓撓身體時，請確認牠的皮膚是否有異常，例如：掉毛、皮膚泛紅、濕疹等。

□ 腹瀉

狗狗輕微地腹瀉過1次後，若還是很有精神、食慾不錯、身體狀況良好，就沒有太大問題。當牠持續腹瀉數次，食慾不佳且沒有精神時，請立刻帶牠就醫。

□ 排泄物有血

若狗狗的尿液或糞便中有血，請立刻帶牠就醫。另外，狗狗的尿量過多或過少、小便的次數突增、過度飲

水，都有可能是生病了，此時也請立刻帶牠就醫。

□ 吐出已吞入的食物

狗狗吞入食物後，若立刻吐出尚未消化的食物，有可能是因為吃太多。請觀察牠的狀況，若與平常無異就沒問題。不過，若狗狗反覆地嘔吐，或是用餐已經過一段時間，還吐出消化的液體，就有生病的可能。狗狗吞入異物時，也有可能會反覆地嘔吐。狗狗一直流口水，或是想吐卻吐不出來，都要帶牠就醫。

□ 呼吸困難

若狗狗呼吸的模樣與奔跑後、炎熱時的呼氣聲不同，似乎是呼吸困難的話，就必須採取緊急措施並立刻帶牠就醫。

狗狗體溫的測量方法

用水或油潤滑溫度計的前端，再將它插入狗狗的肛門 3 ㎝左右，就能測量體溫。狗狗平常的體溫比人類高，大約是38～39度。狗狗偶爾會在測量時亂動，所以溫度稍微有些誤差也沒關係，但是若體溫突然上升或下降，請立刻就醫。

照片是動物用的直腸溫度計。

眼睛

眼屎或眼淚多、眼睛充血、眼睛睜不開、瞳孔呈白色。

耳朵

耳垢多、有怪味、經常抓撓耳朵或搖頭。

請確認
狗狗是否有
這些症狀！

鼻子

鼻水多、鼻水顏色很濃、頻繁地舔鼻子。

嘴巴

口臭、口水多、牙齦腫脹。

皮膚・毛被

頻繁地抓撓身體、毛無光澤、掉毛、濕疹或結痂。

腿部

走路方式怪異，例如：拖著腿走路，或抬起一隻腳走路等。

肛門・生殖器

肛門、陰部、睪丸腫脹。肛門周圍骯髒。用屁股磨蹭地板。

希望飼主了解的緊急情況應對方法

緊急情況的處理方式

狗狗受傷或發生事故時，都要盡快帶牠到有完善設備與技術的醫院。不過，在某些狀況下，先為狗狗做緊急處理再就醫會比較有幫助。下列統整了希望飼主了解的事項，請熟習這些知識並學習如何為狗狗急救。

---

case_2

中暑

夏天等炎熱的時期，狗狗中暑的情況也會增加。在密不透風的房間、沒有冷氣的車內，或是炎熱的散步途中都要特別注意狗狗是否中暑。中暑的原因不僅是氣溫，還與溼氣的多寡有關，因此戶外飼養的飼主必須特別注意。請善用有冷卻功效的用品，避免狗狗中暑。

狗狗中暑的話，請用水沖牠的頭與身體，再立刻就醫。若狗狗喝得下水，就立刻餵牠喝水。請在前往醫院的途中，用濕毛巾或保冷劑降低狗狗的體溫。

---

case_1

誤食

狗狗不小心含入異物時，請立刻讓牠張嘴，並確認口中是否殘留異物。若狗狗尚未吞入異物，請用手指取出牠口中的東西；若狗狗已吞入異物，其經過數小時便會到達腸胃，必須立刻就醫。

當狗狗咬住某物品時，若大聲地對牠說「不行！」等詞語，反而會讓牠因驚嚇而吞入異物。這時請一面留意不要嚇到狗狗，一面拿出零食吸引牠的注意，並等牠放開咬住的東西。

飲食・健康管理與容易罹患的疾病

case_6
發燒

狗狗發高燒時，請一面冷卻牠的身體，一面前往醫院。用毛巾包住保冷劑，再用其冷卻狗狗的腋下或腿部內側。身體急速降溫對狗狗有害，請避免直接用冰塊接觸或弄濕牠的身體。若狗狗發抖，就用毛巾包住牠的身體，一面溫暖牠一面前往醫院。

case_7
嘔吐

若狗狗在痙攣或失去意識的情況下嘔吐，嘔吐物可能會卡在喉嚨並造成危險。請讓狗狗趴下，以免嘔吐物卡在喉嚨。若嘔吐物卡在喉嚨，請將狗狗的頭朝下並搖晃牠的身體，讓牠吐出卡在喉嚨的東西，接著讓牠回復原來的姿勢。

這個姿勢可在狗狗失去意識時，防止嘔吐物卡在喉嚨。

case_3
灼傷

狗狗灼傷時，最重要的就是立刻冷卻患部。請立刻用清水沖患部，並於前往醫院的途中，持續用保冷劑等物品冷卻患部。

case_4
骨折

請盡量不要移動患部，並立刻前往醫院。狗狗患部相當疼痛，所以抱牠時要留意不要碰到患部。

case_5
出血

輕微的出血只要用紗布等按壓就能止血。請在止血的情況下，帶狗狗前往醫院。請不要用人類的消毒藥品，因為其會刺激狗狗的患部，讓狗狗更在意患部的情況。趾甲剪得過短而出血時，只要在趾甲斷面上敷上小麥粉就能止血。

選擇動物醫院的要點、看診的注意事項

決定固定的看診醫院

為了守護狗狗的健康，請決定固定看診的動物醫院。若定期於同一家動物醫院接受預防接種或健康檢查等，當遇到緊急狀況時，就不會手足無措。

迎接幼犬回家前，請在網路上收集情報或詢問他人，以找尋交通便利的動物醫院，而且還要記得確認門診日與時間喔！

看診時想傳達的情報與症狀有關的物品

想在看診時告訴醫生的事項，可事先記錄在便條上面，當天就不會手忙腳亂。請事先準備下列問題的答案：

挑選醫院的注意事項

- □ 獸醫師會詳細地指導疾病、飲食、教養等事項。

- □ 獸醫師會先詳細說明必要的檢查項目與預防接種等資訊。

- □ 獸醫師與助理會仔細地傾聽與回答相關問題。

- □ 獸醫師與助理會隨時吸收新資訊，並且提升自己的技術。

- □ 有必要的時候，會介紹飼主更專業的動物醫院。

- □ 醫院內相當整齊，而且設備完善。

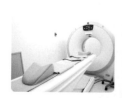

- □ 醫院內相當乾淨，而且沒有動物的異味或氨的臭味。

- □ 獸醫師會經常巡視病房並觀察貓狗的狀況。

part
6

飲食・健康管理與容易罹患的疾病

□ 從何時開始
□ 身體有什麼症狀
□ 用餐的時間、飲食的份量
□ 排泄的狀況、多寡
□ 疫苗接種的情況

狗狗出現腹瀉的情況，就必須檢查糞便。若飼主方便的話，最好帶著最新的排泄物前往醫院。嘔吐物或照片都可以作為診斷的參考。若狗狗為誤食，請帶著牠誤食的物品前往。

不論是前往醫院途中，
或是待在候診室時，
狗狗都必須懂得安靜地
待在外出籠或外出袋內（p.54）。

尋求 Second Opinion（二次診療）、Third Opinion（三次診療）

　　人們常會到初次就診的動物醫院，或是住家附近的動物醫院看診，不論那間醫院的方針或技術如何，都會聽從那位獸醫師的診斷。雖然這樣醫生會較為了解狗狗的狀況，但是有些疾病與外傷說不定不是醫生的專業領域，碰到難以治療的疾病，更會有各種不同的療法。

　　每一家動物醫院的設備與技術，與能夠治療、檢查的項目都不同，而且診療費與藥品費也大不相同。若想詢問別家醫院的意見，請與家庭獸醫師商量，並拜託他介紹別家醫院。

　　為了讓狗狗接受最適合的治療方式，就尋求二次或三次診療。

接種疫苗，預防傳染病

日本法律有明文規定，狗狗每年必須施打1次狂犬病疫苗。狗狗與人類都會感染狂犬病，不論是人類或動物，只要發病都有可能死亡。為了守護狗狗的生命與健康，即使法律沒有規定，飼主也該讓牠施打相當重要的混合疫苗。對狗狗而言，死亡率最高的傳染病都能透過混合疫苗來預防。

初生的幼犬會從母乳獲得免疫力，但經過6週免疫力就會下降。請於幼犬的免疫力消失前，帶牠施打混合疫苗。請與獸醫師商量混合疫苗的種類與接種時間，並制定接種時程表。

疫苗能夠預防的傳染病

狂犬病

【傳染途徑】

感染狂犬病毒的動物會透過啃咬將病毒傳給其他動物。近年來，曾有日本人在國外被感染的狗啃咬，回國後便發病身亡，讓我們再次認識到此疾病的可怕。在國外，請不要隨意碰觸陌生的狗狗。

【症狀】

唾液中的病毒會侵入末稍神經，最後則會抵達腦部或脊髓，並引發神經方面的症狀。狗狗一發病，可能會變得相當凶暴並到處啃咬。感染初期會呈現麻痺狀態，或是無法食用食物與水，最後則會死於身體衰弱。

【疫苗接種的時間】

日本法律有明文規定，出生後91天以上的狗狗，每年都要接種1次狂犬病疫苗。

請務必接受預防接種，
以免將疾病傳染給其他狗狗。

近年來，有愈來愈多的市售產品能夠對抗各式各樣的病毒與細菌。請使用這類商品來預防病毒與細菌的傳染，並且採取完善的對策來預防傳染病，以免愛犬感染時將病毒傳染給其他狗狗。

可強力去除病毒・細菌

Eraser Mist

Bio Will CLEAR

液態・噴霧類型的除菌劑（請參閱p.31）。

混合疫苗可預防的傳染病

5種
❶犬瘟熱
❷犬傳染性肝炎
（犬腺狀病毒第一型）
❸犬傳染性支氣管炎
（犬腺狀病毒第二型）
❹犬副流行性感冒
❺犬小病毒腸炎

追加的
傳染病疫苗

6種
犬冠狀病毒腸炎

7種
犬鉤端螺旋體病（2種類）

8種
犬冠狀病毒腸炎
犬鉤端螺旋體病（2種類）

9種
犬冠狀病毒腸炎
犬鉤端螺旋體病（3種類）

混合疫苗的組合有5～9種，但並不表示疫苗數量愈多就愈有益。帶狗狗到寵物公園、咖啡店、外出旅行等機會愈多，感染傳染病的機會就愈高。請考量生活方式或當地情況等問題，並與獸醫師討論混合疫苗的接種類型、制定接種時程表。

【混合疫苗的接種時間】
幼犬出生後2～4個月大的期間，每隔一個月就要接種1次疫苗，共施打3次。請記得向寵物店或飼養員確認狗狗已接種過何種疫苗，以及接種的次數。若狗狗未滿2個月就施打初次的疫苗，就必須施打4次。之後，每1～3年須施打追加的疫苗。

各種疾病的詳細資訊，請參閱次頁

混合疫苗可預防的傳染病症狀＆治療

犬瘟熱

【傳染途徑】
犬瘟熱病毒會經由接觸患犬的鼻水、唾液、尿液或飛沫傳染。

【症狀】
初期會有發燒、食慾不振、眼屎、流鼻水等症狀，接著還會引發咳嗽等呼吸系統疾病，或是腹瀉、嘔吐等消化系統疾病。若病情加重，病毒就會引發腦部與脊髓（中樞神經）發炎，進而導致病毒性腦炎，或是痙攣、顫抖、麻痺等症狀，嚴重的話甚至會致命。若幸運康復，今後也會留下嚴重的後遺症。此外，肉墊的角質化（硬腳症）也是犬瘟熱的症狀之一。

【治療】
犬瘟熱無法徹底地消除病因，只能透過攻擊病毒治療。這種「對症治療」是藉由補充營養與水分來改善病情，也是其他病毒傳染病的治療方式。這類疾病無法治本，所以更應徹底地預防，以免愛犬遭受感染之苦，或是將疾病傳染給其他狗狗，造成他人痛苦。

犬傳染性肝炎
犬腺狀病毒第一型

【傳染途徑】
犬腺狀病毒第一型會經由患犬的糞便或口鼻的接觸傳染。

【症狀】
初期症狀通常為高燒、嘔吐、腹瀉、肝臟（腹部中央）被按壓會疼痛、討厭被觸摸等，偶爾則會有難以察覺的輕微症狀，像是流鼻水、發燒等。若病情加重，可能會導致虛脫或猝死。此外，恢復期間可能會有角膜混濁（眼睛又白又混濁）的情況。

【治療】
犬傳染性肝炎與犬瘟熱等病毒傳染病相同，只能依照病況對症治療。

飲食・健康管理與容易罹患的疾病

犬副流行性感冒

【傳染途徑】

犬副流行性感冒病毒會經由患犬的咳嗽、噴嚏、唾液、鼻水、排泄物,或是口鼻傳染。

【症狀】

發作時會劇烈地咳嗽,病況較其他疾病輕,死亡率也很低,但容易與其他病毒或細菌發生混合感染,而且復原後仍會咳嗽一段時間。

【治療】

犬副流行性感冒與犬瘟熱等病毒傳染病相同,只能依照病況對症治療。若為細菌的混合感染,就要使用抗菌範圍較廣的抗生素。

犬傳染性
支氣管炎
犬腺狀病毒第二型

【傳染途徑】

犬腺狀病毒第二型會經由接觸患犬,或是飛沫、口鼻傳染。

【症狀】

初期症狀為發燒、短促的乾咳,病情加重則會引發肺炎。若與其他病毒或細菌發生混合感染就會加重病情並提升死亡率。

【治療】

犬傳染性支氣管炎與犬瘟熱等病毒傳染病相同,只能依照病況採取對症治療。

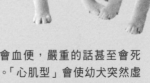

犬小病毒腸炎

【傳染途徑】

犬小病毒會經由患犬的排泄物或是口鼻傳染。

【症狀】

犬小病毒腸炎有兩種類型:一種為「腸炎型」,好發於離乳期後的犬隻;一種為「心肌型」,好發於3～9週大的幼犬。「腸炎型」會反覆地嚴重腹瀉、嘔吐,排泄物為液態且帶有惡臭,有時還會血便,嚴重的話甚至會死亡。「心肌型」會使幼犬突然虛脫、呼吸困難,甚至猝死。

【治療】

犬小病毒腸炎與犬瘟熱等病毒傳染病相同,只能依照病況對症治療。

關於犬心絲蟲病

「犬心絲蟲」是一種寄生蟲，也是引發犬心絲蟲病的主因，一旦感染就會危及生命。狗狗不論飼養在室內或室外，都有感染的風險，但只要服用預防藥物，幾乎就能100％預防犬心絲蟲病！

【傳染途徑】

蚊子吸過患犬的血液，再去叮咬其他犬隻，就會將犬心絲蟲的幼蟲傳入犬隻體內。當幼蟲成長後，就會寄生在犬隻的肺部，引發心臟、肺、腎臟、肝臟等疾病。

【症狀】

出現咳嗽、呼吸困難等呼吸系統疾病，嚴重的話還會引發昏厥、腹水（腹部積水）等症狀。犬心絲蟲為大型寄生蟲，所以小型犬一旦感染，症狀經常都相當嚴重。治療方式有兩種，一種是透過外科手術清除犬心絲蟲，一種是使用藥物驅除犬心絲蟲。

【治療】

預防藥物有口服、注射、滴劑（滴在背部的藥物）等類型。每個地區的情況皆不同，但是投藥期大多是蚊子出沒的4月到12月，採取全年預防也OK。停藥後若想再次投藥，就必須檢查是否受到感染。請與獸醫師商量藥品類型與投藥時間，並於投藥前接受必要的檢查。

犬冠狀病毒腸炎

【傳染途徑】

犬冠狀病毒會經由患犬的排泄物，或是口鼻傳染。

【症狀】

症狀為食慾不振、嘔物、腹瀉。犬冠狀病毒經常發生混合感染，而且死亡率相當高。

【治療】

犬冠狀病毒腸炎與犬瘟熱等病毒傳染病相同，只能依照病況對症治療。

犬鉤端螺旋體病

【傳染途徑】

這是人畜共通傳染病，傳染途徑為接觸已感染的褐家鼠的尿液、受其尿液汙染的水與土壤，或是經口傳染。

【症狀】

犬鉤端螺旋體菌有各種不同的類型，大部分的患犬皆為無症狀的不顯性型，會出現症狀的則是出血型與黃疸型。出血型的症狀為高燒、血便、結膜充血等，嚴重的話會引發血尿毒，甚至死亡。黃疸型的症狀為黃疸、嘔吐、腹瀉、出血等，症狀比出血型更嚴重，有時發病後幾天便會死亡。

【治療】

採取抗生素治療與對症治療。

column

疫苗接種的注意事項

------ **接種時的注意事項**

1 狗狗不健康就無法接種疫苗，請留意牠的身體狀況。
此外，請避免愛犬接觸健康狀況不明的狗狗。

▶ 讓愛犬接觸健康的狗狗，對學習社會化（p.49）相當重要。

2 接種當天細心地觀察狗狗的狀況。若舉止有些異常，
請立刻連絡動物醫院。

▶ 請盡量於上午接種疫苗，以便狗狗出現副作用時能夠於當天立刻就醫。

3 接種疫苗當天必須安靜地休養，
接種後2～3天都要避免激烈運動或跳躍。

4 幼犬接種完疫苗之前，都要避免在地面行走。

▶ 但是這段時間是重要的社會化時期，所以請用外出袋帶狗
狗外出，讓牠習慣外界環境。

5 懷孕期間不接種疫苗。

▶ 請於狗狗健康且尚未懷孕前，接種完所有預防疾病的疫
苗。母犬的免疫力高，就會有營養的母乳。

懷孕的
母犬

------ **注意疫苗的副作用**

狗狗接種完疫苗後，可能會出現臉部腫脹、腹瀉、注射處疼痛等
情況，或是罕見地引發蕁麻疹、呼吸困難、意識障礙等劇烈的過敏
症狀（全身型過敏性反應）。若愛犬情況不對，就必須立刻連絡動物醫
院。副作用通常會在接種後數小時內發生，若狗狗整天都相當有精
神，就不必擔心了。

------ **領取接種證明書**

有很多寵物旅館只會接待接種完疫苗的狗狗。獸醫師為狗狗施打
完疫苗後，通常會開一張證明書，請飼主妥善保管。

柴犬必須留意的疾病

請養成經常觀察愛犬的習慣，並且熟悉牠平常的模樣，以便在牠舉止異常，或狀態「不同以往」時能立刻察覺。若狗狗明顯地沒有食慾、沒有精神，就不只是狀態「不同以往」，而是身體真的出現狀況了。

腹瀉是最常見的症狀。若狗狗出現血便、嘔吐等情況，請立刻帶牠就醫。若是一直嘔吐，而且嘔吐物內有血，也要盡快就醫！

幼犬必須特別注意**低血糖**。當體內糖分濃度過低就會發病，症狀為身體無力、疲倦不堪，偶爾症

還會引起全身性痙攣。另外，環境變化、壓力、空腹、消化系統異常等都是病因，發病時必須補充葡萄糖與糖分。

不管狗狗出現任何症狀，只要發現牠的舉止與平時不同，就要懷疑牠「是不是生病」，並且盡快就醫。

心血管疾病

二尖瓣閉鎖不全

【症狀】

這種心臟病好發於5歲以上的小型犬。二尖瓣位於左心室與右心房之間，主要是在控制心臟的血液流動，當其因異常變化使得功能降低，就會導致血液逆流。病情加重還可能引發充血性心臟衰竭、肺水腫、肺高血壓等，其他症狀還有失去活力、討厭運動、持續咳嗽等。若病情惡化，就會引發呼吸困難、猝死。

【治療】

改善病情的方式為採用藥物來擴張血管、幫助心臟收縮，並以利尿劑來排除體內的多餘水分。依照病情有時必須接受手術以改善心臟的瓣膜，而且手術費用不低。若打算接受手術，請諮詢家庭獸醫師，並請他介紹專業的外科醫師（請參閱p.121的Second Opinion）。

飲食・健康管理與容易罹患的疾病

犬舍咳

【症狀】

「犬舍咳」就是咳嗽，是因病毒或細菌感染引起的支氣管炎，症狀就像人類的感冒，患犬會一直乾咳、發燒等。若病情惡化，就會引發呼吸困難。

【治療】

細菌感染會用抗生素來治療；劇烈咳嗽會用鎮咳劑來緩和症狀。幼犬與高齡犬一旦罹患犬舍咳，可能會引發衰竭、死亡，所以必須接種疫苗來徹底地預防。請採取完善的預防措施，以免愛犬遭受疾病之苦，或是傳染其他狗狗，造成他人痛苦。

此外，有些市售產品能對抗各種不同的病毒與細菌，所以也能預防疾病感染（商品資訊請參閱 p.123）。

呼吸系統疾病

氣管塌陷

【症狀】

圓環狀的氣管（特別是氣管軟骨）塌陷變成扁平狀，引發劇烈咳嗽、呼吸困難。患犬的呼吸聲會變大，並發出嘎嘎、咻咻等相當痛苦的聲音。

【治療】

用鎮靜劑、氣管擴張劑、抗炎劑等藥物，讓患犬能順暢地呼吸，並避免讓牠興奮。一般還會用軟骨強化劑（葡萄糖胺、軟骨素等優質的營養補充劑）來預防病情加重，但若情況沒有好轉（經過一個月都沒有改善），就必須請專業的外科醫師進行手術。手術費用昂貴，所以也能選擇裝入支架（裝在血管或管狀組織，以維持管內暢通）。

氣管塌陷為遺傳性疾病，即使有治療、救命的方式也無法根治。請注意日常生活的環境，以免狗狗再度發病，譬如：狗狗會因高溫潮濕引發呼吸困難，就打開冷氣來改變周圍的環境。請注意狗狗的肥胖問題，以免脂肪附著於氣管。項圈會壓迫到氣管，請改用胸背帶。

腎衰竭

【症狀】

腎臟功能降低，導致老廢物質無法完全排出、囤積於體內。若病況持續惡化，就會引發全身性的尿毒症、死亡。急性腎衰竭一旦惡化，就會因尿毒症引起沒有活力、食慾不振、想吐、嘔吐等症狀。慢性腎衰竭通常無明顯症狀，但是病情卻會慢慢地加重。

【治療】

急性腎衰竭的保命方法就是立刻就醫。若病因是傳染病，則會對症下藥並使用增加尿量的藥劑。若伴隨嚴重的電解質異常*、脫水等症狀，就必須吊點滴來補充水分，有時甚至需要洗腎。若為慢性腎衰竭，則會用特別食物療法來控制鹽分、磷的吸收，以延緩病況。

泌尿器官、肛門疾病

膀胱炎・尿道炎

【症狀】

因細菌感染、結石、腫脹等狀況，傷害到膀胱或尿道黏膜所引起的發炎。憋尿引起的發炎為膀胱炎，尿道發炎則為尿道炎。症狀為排尿困難、排尿時疼痛、血尿、發燒。

【治療】

若患犬有遺傳性問題就容易發病，所以要先進行精密檢查。先以尿液檢查或X光來釐清病因，若為細菌感染，就用抗生素或抗菌劑來治療。最好選擇有磁振造影檢查（讓患犬服用造影劑，進行更精密的X光檢查）的安全醫院。若病因為結石，有時也須接受外科手術。

肛門囊炎

【症狀】

犬隻的肛門兩側（4、8點鐘方向）有個袋狀的「肛門囊」，囤積著特殊氣味的分泌物。犬隻排尿時，會流出分泌物來標記地盤。若分泌物無法順利地排出，就會因化膿引發肛門囊炎。若分泌物積存過多，袋狀部分就會破裂，使周圍的組織發炎。患犬會因疼痛或不舒服，用屁股磨蹭地面，或是出現排便困難等情況。

【治療】

化膿時要將膿擠出，並等發炎情況緩解。大部分都是慢性症狀，一旦囊破裂使周圍組織發炎，就必須立刻請專業的獸醫師摘除肛門囊。幫狗狗洗澡時，請記得定期擠出囤積的分泌物（請參閱p.100的「擠肛門囊」），以免愛犬患病。

*腎臟的功能是維持體內的鈉、鉀、磷等電解質的平衡。腎臟一旦異常，就會使電解質偏離正常值，造成「電解質異常」。

part
6

飲食・健康管理與容易罹患的疾病

生殖器官疾病

乳腺炎

【症狀】
乳腺會分泌乳汁，並將乳汁送到乳頭。乳腺炎好發於哺乳期，當母犬的乳頭被幼犬咬傷，細菌就會從傷口侵入，使乳汁積存於乳腺無法流出（淤結），造成乳腺發炎。乳腺一旦發炎就會腫脹、發燒，患犬會因疼痛變得討厭被觸摸。膿積存於乳腺，有時會導致發燒，有時會流出淡黃色的濃稠乳汁。

【治療】
細菌感染初期會用抗生素來治療。若是化膿，就須立刻進行外科手術。若為淤結，則用保冷劑等冷卻患部，並用抗炎症劑來緩和發炎症狀。

子宮蓄膿症

【症狀】
這是細菌侵入子宮內引起的疾病，無生產經驗的母犬容易在發情後發病。子宮蓄膿症有兩種類型，膿能從外陰部擠出的為「開放性」，膿無法擠出的為「閉鎖性」，症狀皆為大量喝水、尿量增加。若病情惡化，就會引起嘔吐、脫水，或因腹膜炎導致死亡。

【治療】
早期接受避孕手術可預防這疾病。患犬一旦發病，就須立刻切除卵巢、子宮，而且手術期間及手術前後，都會用抗生素來治療。

結紮、避孕能預防的疾病

壯年期到老年期間發生的生殖器官疾病，病因大多是荷爾蒙分泌異常。出生後2～4個月大前盡快進行結紮／避孕手術，幾乎都能預防這些疾病（請參閱 p. 142～143）。

皮膚疾病

過敏性皮膚炎

【症狀】

免疫系統會對各式物質產生過度反應,如:食物、室內灰塵、蜱蟎、跳蚤、植物等,引發嚴重的搔癢、濕疹等症狀。發病時間幾乎都在5歲之前。症狀為眼睛周圍、耳內、腋下、腿部內側、腳尖等,皮膚較薄的部位會有紅濕疹、脫毛。這種疾病多為慢性,治好後常會再度復發,而且經常併發膿皮症(p.133)、外耳炎(p.138),因此須早期就醫、早期治療。

【治療】

目前還沒有根治的療法,只能採取對症治療來抑制發炎與搔癢。主要藥物是能有效抑制搔癢的皮質類固醇。請務必保持患犬皮膚的清潔,以免發炎惡化。一般洗毛精有時會刺激犬隻皮膚,請選用低刺激性、有保濕效果的產品。帶愛犬到動物醫院或寵物沙龍進行奈米微氣泡澡,也能清除皮膚表面及毛根深處的髒汙。

了解過敏的主因相當重要,請務必要帶患犬到動物醫院進行過敏檢查。一旦釐清過敏原,就讓犬隻遠離它,並採取完善對策預防它進入犬隻體內。舉例來說,若過敏原為室內的灰塵與蜱蟎,就認真地打掃犬隻的居住環境;若過敏原為食物,就不要讓犬隻吃該食物,並改用低過敏性的食品。有些患犬的病期相當長,請一面與獸醫師商量,一面耐心地為牠治療。

小心誤食! column

若狗狗誤食下列物品,請立即就醫並聽從醫師指示(請參閱p.110的「不能餵狗狗吃的食物」)。

❶無法自行排泄的物品
□塑膠 □竹籤 □雞骨 □針或釘子
□線或繩子 □大種子 □飾品 □鈕扣 □錢幣 等

❷食用後會中毒的物品
□蔥、洋蔥、韭菜 □巧克力、可可亞等可可類
□咖啡、紅茶、茶飲等含有咖啡因的食物
□有毒植物(水仙、鈴蘭、仙客來、夾竹桃、大蒜、聖誕紅等)
□電池類 □含有乙二醇的物品(防凍劑、洗潔精、化妝品等)
□人類的藥品 □殺蟲劑、除蟎與除蚤的藥劑 等

❸食用後會導致腹瀉的食品
□蝦子、螃蟹、魷魚、章魚、貝類
□人喝的牛奶 □香菇、蒟蒻 等

飲食・健康管理與容易罹患的疾病

脂漏性皮膚炎

【症狀】

脂漏芽胞菌是潛藏於嘴巴、耳朵、肛門周圍的一種黴菌（酵母菌），會引發外耳炎與皮膚炎（最常引發耳朵疾病）。一旦發病就要立刻根治，以免病情惡化。若併發外耳炎就會出現搔癢症狀，所以患犬會一直抓撓耳朵、搖頭。皮膚炎好發於腋下、胯下、頸部周圍，患部會泛紅、出現油脂般的汙垢。

【治療】

外耳炎會用含有抗真菌劑的耳藥水治療。皮膚炎會用含有抗真菌劑的洗毛精、奈米微氣泡澡來清洗皮膚，並且持續觀察患部情況。若上述療法皆無效，就必須改用口服藥物治療。

膿皮症

【症狀】

皮膚受到葡萄球菌等細菌感染引起的皮膚病。感染的皮膚會長出一顆顆的濕疹、泛紅。患犬會因濕疹的膿而搔癢難耐，一直抓撓患部，所以要盡快治療。嘴巴、眼睛周圍、腿根、腿部內側、趾間都容易受到感染。

【治療】

先剃除患部的毛，再用藥用洗毛精洗澡，接著搭配抗生素、皮質類固醇等外用及口服藥物來治療。髒亂的環境容易使患犬復發，請務必維持環境的整潔。犬隻免疫力下降時也可能感染，因此高齡犬要更特別注意。膿皮症通常投予抗生素就能治好，但若患部有膿，就須立刻開刀排膿。

保護柴犬遠離
寄生蟲引起的疾病

犬隻傳染病的媒介大多是跳蚤、蜱蟎、蠕形蟎。這些外部寄生蟲一旦附著於犬隻身體，就會引發搔癢、發炎、皮膚炎，若被吸血還可能導致貧血。有些疾病甚至會傳染給人類。

即使犬隻飼養於室內，跳蚤、蜱蟎也可能在散步途中附著，或是被人類帶入室內。市售的Frontline、Revolution等驅除・預防寄生蟲的藥物，都能有效預防這類疾病。

骨頭・關節疾病

犬髖關節發育不全症

【症狀】

髖關節疾病好發於4個月～1歲的成長期犬隻,病因為關節發育不完全,導致骨頭變形、無法正常行走。患犬大多會因遺傳因素而發病,但健康的犬隻也會因激烈運動引發髖關節炎。症狀好發於兩腿,但若只有一條腿發病,就難以察覺。

患犬會因疼痛採用奇怪的行走姿勢,例如:走路時抬起一條腿、拖著一條腿、搖晃腰部等,而且站起時動作笨重、搖搖晃晃、無法坐下。若病情加重,患犬就會因腿部疼痛變得討厭散步、無法上下階梯、不常走動,後期甚至會造成犬髖關脫臼、併發嚴重的關節炎。

保護柴犬遠離寄生蟲引起的疾病

犬隻傳染病的媒介大多是跳蚤、蜱蟎、蠕形蟎。這些外部寄生蟲一旦附著於犬隻身體,就會引發搔癢、發炎、皮膚炎,若被吸血還可能導致貧血。有些疾病甚至會傳染給人類。

即使犬隻飼養於室內,跳蚤、蜱蟎也可能在散步途中附著,或是被人類帶入室內。市售的Frontline、Revolution等驅除・預防寄生蟲的藥物,都能有效預防這類疾病。

【治療】

首先必須將患犬全身麻醉,再將骨頭調整到正確位置,接著進行X光與CT檢查,最後依照治療結果判斷是否需要進行外科手術。患犬一旦發病就會相當疼痛,因此必須一面服用抗炎症藥與鎮痛劑,一面進行飲食與運動的管理,以便控制疼痛程度。若想根治,就必須進行手術。患犬若為4個月大就會採取恥骨吻合術,若為12個月大就會採取骨盆骨切開手術,或是切開大腿骨。若髖關節已嚴重變形,就必須更換成人工關節。

這項疾病大多為遺傳性,無法預防發病,因此只能在幼犬期接受檢查,確認髖關節是否發育完全。此外,肥胖也會造成關節的負擔,請務必好好地控制飲食。

限制飲食常會培育出骨骼發育不完全的「迷你柴犬」

人們為了培育出迷你可愛的柴犬(請參閱 p.19),經常會限制牠的飲食份量,維持嬌小體型,但這種行為卻會使牠的骨骼無法正常發育,健康出現問題。請務必提供愛犬充足的飲食,絕對不要控制牠的生長。

飲食・健康管理與容易罹患的疾病

膝關節脫臼

【症狀】

這是遺傳性疾病，病因為膝蓋關節上面的骨頭（膝蓋骨）脫落。膝關節脫臼大多不會疼痛，但是膝關節會相當不穩定，而且膝蓋韌帶會容易疼痛或是斷裂。犬隻一旦發病，就會拖著腿走路，而且相當疼痛。病況較輕時，則不會出現任何症狀。

【治療】

犬隻若疑似患病，就必須立刻接受觸診、X光、CT等檢查。若為重症，就必須進行適當的外科手術。早期診斷・治療相當重要。為了避免對膝蓋造成負擔，平常就要注意愛犬的肥胖問題，並且打造防滑地板、避免地板有高低落差等。

椎間盤突出症

【症狀】

椎間盤是兩塊脊椎骨之間負責接受衝擊的軟骨，能緩和脊椎承受的衝擊。突出症是指椎間盤異常，因為椎間盤內部的「髓核」突出，壓迫到脊髓與神經根，造成背部突然疼痛、無法動彈、前腿與後腿部分麻痺，導致走路不穩、無法站立。臘腸犬因遺傳最容易發病，但是柴犬與其他犬種都有可能患病，因此也必須特別注意。該病好發於2～6歲的犬隻。

【治療】

先將患犬全身麻醉，再將椎間盤調整回正確位置，接著進行CT（或是X光）等精密檢查，最後根據病況決定是否進行手術，移除壓迫椎間盤的病因。術後必須藉由復健來回復肌肉與神經。脊椎受到壓迫的程度與術後的回復狀況有相當大的關係，因此務必要盡早接受精密檢查。一旦查明病因與病況，就必須立刻進行手術。若患犬有劇烈疼痛、後腿或前腿有部分麻痺、完全麻痺（無疼痛感）的症狀，就必須立刻到設備完善的醫院，請專業的獸醫師進行手術。

眼睛疾病

白內障

【症狀】

因負責調節焦點的水晶體突然變白、混濁，導致視力下降。若病況加重，最後可能會失明。犬隻最常罹患的白內障有兩種類型：一種為「後天性白內障」，會在出生後數個月～數年間發病；一種為「先天性白內障」，一出生就有水晶體混濁的狀況。「老年性白內障」是後天因素的代表類型，主要病因是水晶體隨著年齡增長變得混濁，或是因糖尿病導致代謝異常、眼睛受傷等。犬隻若有視力障礙，就會撞到障礙物、無法掌握物體距離、逐漸不想外出散步、身體被觸碰就會受到驚嚇等。

【治療】

請盡早接受檢查，若無併發視網膜異常，就須立刻接受白內障手術。若視力嚴重下降，就必須接受精密檢查，並與醫師討論是否進行手術。若決定接受外科手術，就要取出水晶體，再植入人工晶體，但手術費相當高，而且需要特殊機器，因此必須尋求有專業儀器的醫院與專業的獸醫師。此外，若視網膜已萎縮，即使進行手術也沒有效果。請於手術前與醫師詳細地商量，了解復原的機率、程度，並且確認手術費用。

眼睛疾病檢查清單～有下列狀況請立刻就醫！

column

眼睛的疾病有各種不同的症狀。若沒有及時發現，
可能會導致失明。若愛犬有下列的情況，請立刻諮詢獸醫師。

☐ 結膜泛紅（紅眼）

☐ 雙眼顏色不同…眼睛顏色與平常不同

☐ 眼屎相當多

☐ 流眼淚

☐ 眨眼睛…眼睛無法張開，用前腿抓撓眼睛

☐ 異常地瞇眼睛…沒有刺眼的光線，卻一直瞇著眼睛

☐ 觸摸眼皮會痛…輕碰就會疼痛

☐ 走路會撞到東西…沒有閃避障礙物

☐ 白天時，眼睛呈現白、紅、綠色…
眼睛顏色與平常不同，或是雙眼顏色不同

☐ 眼睛大小不同…
從前雙眼大小相同，現在卻有點異常

飲食・健康管理與容易罹患的疾病

角膜炎

【症狀】

角膜表面受傷引起的發炎。患犬會因疼痛一直眨眼、眼淚變多、出現眼屎，而且大部分都會因摩擦眼睛、用臉摩蹭地面造成病情加重，所以必須盡快就醫。一旦病情加重，眼睛就會充血，瞳孔就會變白、混濁。

眼睛周圍的毛粘到眼睛、打架弄傷眼睛、傳染病等，都會引發角膜炎。若不治療，就會因急性角膜潰瘍（角膜表面與內部都會受到影響）引發角膜破洞（角膜穿孔），或是因全眼球炎引發敗血症，嚴重的話甚至會猝死。若見愛犬行為異常，請務必立刻就醫。

【治療】

先清除病原體，再用眼藥水來抑制發炎、治療感染。治療期間必須避免患犬摩擦眼睛。

青光眼

【症狀】

因眼球內的水分無法順利排出，造成眼球內部壓力上升、眼球被撐大，進而引發視神經損傷。病因除了先天遺傳因素之外，還有因葡萄膜炎等其他眼疾引起的後天因素。青光眼分為急性與慢性，急性青光眼常見的症狀為：眼壓飆高、眼睛劇烈充血、虹膜混濁、瞳孔持續放大（犬隻患病時，瞳孔會放大、虹膜會變紅）。患犬會因疼痛或不舒服，一直眨眼睛、抓撓眼睛、搖頭、討厭被觸摸等。慢性青光眼則會因眼球變大、凸起，導致視網膜與視神經受到強烈壓迫，最後通常會喪失視力。

【治療】

為了降低眼壓，就必須點眼藥水與服用藥物，或是進行雷射手術。延遲治療會導致失明，所以必須立刻處理。若喪失視力的同時伴隨著疼痛，就必須摘除眼球。視網膜與視神經受到壓迫的程度與術後（視力）的恢復狀況關係密切，所以務必盡早治療。這疾病沒有預防方法，只能定期檢查眼睛。

牙齒‧口腔疾病

牙周病

【症狀】

若犬隻沒有刷牙，牙齒上面就會堆積食物殘渣等齒垢，進而造成牙結石。若不治療牙結石，細菌就會在口腔中繁殖，引發牙齦發炎（牙齦炎），使牙齒與牙齦間出現縫隙，造成牙齒不穩固、掉落（牙周炎）。

牙周病的症狀為口臭、牙齦出血，有時還會因啃咬時的疼痛導致食欲下降。

【治療】

齒垢會在4天內形成牙結石，所以平時就要習慣用牙刷或紗布幫犬隻潔牙（請參閱p.106）。若病況較輕，只要每天刷牙並保持口腔清潔就能改善。若病況加重，就必須到醫院進行全身麻醉，以清除牙結石、牙垢，或是拔牙。

耳朵疾病

外耳炎

【症狀】

耳廓到鼓膜等外耳部分發炎。柴犬容易罹患皮膚病，而且過敏性皮膚炎（p.132）常會引發外耳炎。若犬隻用後腿抓撓搔癢的耳後，就可能是耳朵發炎，有時甚至會出現異味。

【治療】

細菌、真菌、蜱蟎或過敏，都會引起耳朵發炎，所以必須找出過敏原，再用抗真菌劑、抗生素等藥物治療。請注意，過度清潔耳洞反而會弄傷耳朵。

若犬隻討厭被觸摸耳朵，就必須到醫院進行全身麻醉再檢查，並採取必要的藥物治療。近年來，麻醉的死亡風險極低，若先麻醉再檢查，不僅不用壓制犬隻，還能減輕牠的負擔。

飲食・健康管理與容易罹患的疾病

賀爾蒙疾病

甲狀腺機能低下症

【症狀】

促進代謝的甲狀腺賀爾蒙減少分泌，造成犬隻沒有精神、毛被沒有光澤、皮膚乾燥、嚴重掉毛，有時甚至會導致體重增加、睡眠時間增加、貧血。但是這些典型症狀大多不明顯，所以必須特別注意。獸醫師會根據皮膚狀況與平常狀況來診斷，但還是必須透過賀爾蒙的精密檢查與血液檢查來確定。

病因大多為遺傳性因素，大多會在5歲後發病，但也曾有幼犬患病。此外，還有其他疾病阻礙甲狀腺賀爾蒙分泌的罕見病例。

【治療】

服用甲狀腺賀爾蒙藥劑，補充體內無法生成的部分。患犬必須一生服用甲狀腺賀爾蒙藥劑，但是服用過多可能引發甲狀腺機能亢進症。若病情惡化還會導致心臟病，請務必遵從醫師的指示。

腎上腺
皮質功能亢進症
（庫興氏症候群）

【症狀】

腎上腺是腎臟旁的器官，主要功能為分泌維持生命的賀爾蒙（皮脂類固醇），例如：代謝、免疫、抑制發炎等。一旦腎上腺賀爾蒙分泌過多，就會引發腎上腺皮質功能亢進。

主要病因是控制腎上腺皮質的下視丘與腦下垂體異常，或是腎上腺皮質出現腫瘤等異常。此外，服用皮質類固醇藥物（人工皮質類固醇劑）也可能患病。

症狀為過量進食、大量飲水、尿量增加、腹部膨脹、掉毛等，有些還會一直吐著舌頭呼吸、皮膚變薄。因為免疫力降低，所以更容易罹患傳染病、皮膚炎，甚至併發糖尿病。

【治療】

透過檢查確認病因是下垂體、腎上腺，或是服用皮質類固醇。

病因大多為腦下垂體腫瘤（良性），治療方式是以口服藥物控制病情。若為腎上腺腫瘤，就必須接受外科手術。

若腫瘤為惡性，則會轉移到其他內臟器官，難以治癒。

腎上腺賀爾蒙減少分泌，就會引發「腎上腺皮質功能低下症」。症狀為沒有食欲、沒有精神、腹瀉、嘔吐等，若是急性則會突然昏倒。若因嚴重壓力導致病情惡化，就必須立刻就醫並接受治療。

了解高齡柴犬常罹患的疾病

惡性腫瘤（癌症）

【症狀】

癌症是遺傳因子突變所導致的疾病，病因為生活習慣不良，導致遺傳因子受到傷害、免疫力下降。不同的患部會有不同的症狀，若患部在身體表面，皮膚就會粗糙結痂，所以觸摸身體就會發現異常。犬隻一旦發病，結痂就會變大、體重驟降、異常咳嗽，或是頻繁腹瀉、嘔吐、容易疲倦、沒有精神。若有上述的所有症狀，就是癌症末期了。犬隻的7歲大約是人類的44歲＝「癌症年齡」，請盡可能定期做檢查，若有疑慮，最好進行X光、超音波、CT、MRI等檢查來確認。若無法及時發現，癌細胞就會轉移到其他器官，造成生命危險，請早期檢查、早期治療。

【治療】

主要的治療方式有外科療法、放射線療法、化學療法等。外科療法是藉由手術切除腫瘤，但若腫瘤轉移到其他器官就沒有治療效果。這時就要採取放射線療法，用放射線消滅大範圍的癌細胞，阻止其繼續生長。化學療法則是透過口服或注射抗癌劑來攻擊癌細胞，主要用於癌細胞已擴散到全身的情況。另外，科學家也持續探討著強化免疫力的免疫療法，以及鎖定可能再生的癌細胞的「幹細胞療法」。

每一種病況都有不同的治療方式，請於治療前與獸醫師詳細地商量。即使是人類罹患癌症也一樣，最重要的都不是如何殺死癌細胞，而是必須重視生活品質，並與家人一同討論後續問題。

確認老化的徵兆

被毛

被毛沒有光澤、變少，嘴巴與耳朵周圍長出白毛。

行動

動作緩慢、走路沒有氣勢、睡眠時間變多。

耳朵

聽力變差、聽到呼喊時反應變慢，或是耳垢變多。

眼睛

水晶體混濁、罹患白內障、視力慢慢衰退，或是眼屎變多。

嘴巴

容易長牙結石、口臭、罹患牙周病，或是下巴無力。

part
6

飲食・健康管理與容易罹患的疾病

高齡犬
必須注意的事項

●改變乾糧

高齡犬的運動量比年輕時更低，消化吸收等器官功能也會下降。狗狗7歲以後，就要改用高蛋白質、好消化的高齡犬專用乾糧。

7歲以上　　　　10歲以上

●注意室內環境

高齡犬會因老化導致視力降低、腰腿無力，所以室內地板高度要一致，並盡量不更動家具的位置。另外，牠們耐寒耐熱的能力也會降低，所以必須保持適溫。

●散步時配合愛犬的體力

高齡犬一旦體力衰退，就不太想遊戲與散步。請配合愛犬的體力，規劃短程的散步路線。若愛犬行動不便，也能用寵物推車帶牠外出。

失智症

【症狀】

因老化或腦部疾病造成腦部萎縮、腦細胞減少，引發癡呆症狀。柴犬等日本犬容易患病，發病時間與個體狀況及環境有關，但大多都在13歲之後。症狀為夜晚持續用相同音調吠叫、在同樣的地方繞來繞去、如廁失敗的次數變多、呼喚也沒有反應等。不過，其他腦部疾病（腦腫瘤）也常出現上述症狀，所以必須透過CT或MRI檢查來診斷。

【治療】

目前病因仍然不明，所以沒有能夠根治的療法，患犬也無法完全康復。不過，服用膳食補充劑就能改善症狀，例如：活化腦血流的血管擴張劑、促進腦神經代謝的活化劑、魚油等富含EPA（二十碳五烯酸）、DHA（二十二碳六烯酸）的食品。

另外，透過接觸來刺激患犬，也能延緩病情。請溫柔地對愛犬說話，並頻繁地進行身體接觸吧！失智症容易造成患犬日夜顛倒，因此必須讓牠過規律的生活，於早上曬太陽也能有效地維持生活步調喔！

柴犬的結紮與避孕

早期接受結紮、避孕手術相當重要

若不打算讓愛犬繁殖，請考慮讓牠接受結紮或避孕手術。手術的最佳時期為發情與性成熟期之前，若在2～4個月大間進行手術，還能預防多種疾病，而且早期接受手術，對狗狗身體的負擔也比較小。

近年來，避孕都是採用腹腔鏡手術，雖然手術費較高，但是開刀部位較小、傷口回復速度快，所以能夠減輕疼痛與身體負擔。

若公犬沒有接受結紮手術…

公犬通常6個月大時就會性成熟，若沒有接受結紮手術，地盤本能就會愈來愈強，並展現出明顯的公犬行為，例如：與其他狗狗打架；小便時會抬起腿，以便標示領域。公犬沒有特定的發情期，若身旁有發情的母犬，就會無法抑制發情的情緒。

接受結紮手術…⬇

結紮手術

內容 ▶ 摘除睪丸
住院 ▶ 當天出院，或住1晚
拆線 ▶ 術後1～2週
適合的時期 ▶ 出生後2～4個月大，性成熟之前

益處

● 可以預防前列腺疾病、精巢・肛門周圍的腫瘤、癌症等。
● 不用忍受性欲造成的壓力、減少攻擊行為。
● 標示行為減少。

※ 因為基礎代謝減少，所以必須稍微減少卡路里的攝取量。

飲食・健康管理與容易罹患的疾病

若在意發情期（生理期）的出血

　　母犬會自行舔掉血液，所以若出血量較少，飼主就無法察覺。若是室內飼養，請使用犬用尿布或生理褲，以免血液沾染到地毯、沙發等物品。當狗狗要排泄時，請記得幫牠脫掉犬用尿布或生理褲。

尿布

生理褲

若母犬沒有接受避孕手術…

　　每一隻母犬初次的發情期（初潮）都不同，但通常都在4個月大～1歲左右，接著每半年就會發情一次，外陰部會腫脹出血。出血後10天到2星期內都為發情期，母犬會焦躁、頻繁排尿。發情期間（尖峰），請勿帶愛犬到有其他狗狗的場所，例如：咖啡館或寵物公園等。

接受避孕手術… ▼

避孕手術

內容 ▶ 摘除卵巢與子宮
住院 ▶ 數日
拆線 ▶ 術後1～2週
適合的時期 ▶ 出生後2～4個月大，初潮之前

益處

● 降低子宮疾病與乳癌的發生率。
● 狗狗不用忍受性欲造成的壓力；飼主不用處理生理期的出血。
● 避免意外懷孕。

※ 因為基礎代謝減少，所以必須稍微減少卡路里的攝取量。

column

柴犬的懷孕與生產

　　若打算讓母犬生產，就必須負起照顧幼犬的責任。若無法自行養育幼犬，而且尚未決定領養人，就不要讓母犬受孕。

　　母犬懷孕時，請務必隨時諮詢專業人士，例如：信任的飼養員或動物醫院等。

● 適產期

母犬初次發情後就能受孕，但理想的生產期為身心發育完全的第二次發情之後。若超過5～6歲才受孕，就會對身體造成極大負擔，所以最好於1～4歲生產。

● 孕期

柴犬的孕期很短，大約只有2個月，預產期約為交配後的第63天。

● 懷孕徵兆

交配後3～4週乳腺會腫脹，30天左右腹部會隆起。有些母犬懷孕時食慾也會增加，請每週測量愛犬的體重，若體重逐漸增加就是懷孕了。

→ 懷孕30天
就能請家庭獸醫師
透過觸診或超音波
為愛犬進行產檢。

● 胎數

通常會產下1～3隻，但也有產下6～7隻的罕見情況。每30～90分鐘會產下1隻。

母犬懷孕時的乳腺。

part
7

惱人行為的
預防與對應方法

shiba-inu

先了解「惱人行為」的原因

先了解各種惱人行為的原因再根據情況採取對策

當狗狗吠叫或啃咬時，我們常會認為問題出在牠們身上，但是這些惱人行為的背後，其實都有不同的原因。請先來了解這些行動的主因吧！

❶ 生病或受傷

首先必須確認狗狗是否生病或受傷。有些狗狗會因生病或受傷的疼痛感而變得有攻擊性。若有前述情況，就必須立刻就醫治療。

❷ 社會化不足

狗狗4個月大前都是重要的社會化時期，所以必須在這期間內習慣各式各樣的人事物及動物。若狗狗社會化程度不足，長大後就會害怕、警戒周遭的人類與動物，並且出現問題行為（請參閱 p.48～49）。

❸ 生活狀態不佳

生活狀態不佳也會引發問題行為，例如：飲食不夠充足、因運動量不足而累積過多壓力，造成犬晚無法入睡等。飼主只要滿足愛犬的基本生活需求，例如：飲食、運動、睡眠、排泄等，就能改正牠的不當行為。

❹ 其他

其他還有各式各樣的原因，例如：教養不足、與飼主關係不好、缺乏溝通、環境因素等。

飼主無法處理時，請聽從專業人士的指導

為了改正愛犬的不當行為，首先須仔細地觀察，找出惱人行為的原因。若不了解原因就強迫愛犬聽從指導，只會造成反效果。

飼主若無法解決問題，不妨諮

146

part

7

惱人行為的預防與對應方法

惱人行為 **1**

啃咬飼主

試著這樣做

若狗狗有啃咬習慣，就必須立刻諮詢獸醫師或訓練師等專家。

先釐清狗狗會在何種情況下啃咬飼主，再根據主因採取糾正方法。舉例來說，若狗狗會在戴項圈時咬人，就改用胸背帶，或一面餵牠食物一面戴項圈。

若狗狗有嚴重的啃咬行為，飼主就必須確保自己不被咬傷。改善方法是讓牠無法啃咬，譬如：讓狗狗待在大型圍欄內、在室內也戴著牽繩、Gentle Leader、頭套等。

請聽從訓練員的指示，先讓狗狗連續1個月不生氣，當牠慢慢地學會冷靜後，就能重新進行基本生活教養及其他必要的訓練。

為什麼？

狗狗會啃咬飼主的原因大多為：雙方沒有建立良好關係、飼主提出無理要求、強迫狗狗做某行動。因此當狗狗生氣、想反抗時，就會啃咬飼主。若牠發現啃咬能停止討厭的行為，之後就會變本加厲。

詢動物醫院介紹的專業人士，接受指導以找出適當的對應方法。

惱人行為 2

各種場合都會吠叫

狗狗吠叫的原因大致有兩種，一種是「要求吠叫」，一種是「警戒吠叫」（當然也有其他原因）。每一種原因的對應方法都不同，所以必須先了解狗狗的「吠叫目的」。

要求吠叫的狀況

為什麼？

為了要求飼主而吠叫，例如：想要多一點食物、想要玩遊戲等。

試著這樣做

若回應狗狗的要求給牠食物、陪牠玩，牠就會認為「只要吠叫，飼主就會回應我的要求」，並養成吠叫習慣。請不要回應狗狗的要求，並且無視牠。

警戒吠叫的狀況

警戒吠叫大多是因為狗狗對某種場面有壞印象。若想避免狗狗吠叫，就須讓牠對那個場面有好印象。下列歸納幾種場面的對應方法。

❶對客人吠叫

為什麼？

對狗狗而言，客人是陌生的入侵者，也是侵犯自己領土的敵人。

試著這樣做

客人主動給狗狗食物，讓牠留下好印象。若有家人能協助，請於客人來訪前帶狗狗去散步，待客人進屋後再回家，讓牠認為客人比自己更早在場，並非侵入自己地盤的人。

若因看到客人而開心、興奮地吠叫？

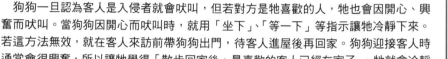

狗狗一旦認為客人是入侵者就會吠叫，但若對方是牠喜歡的人，牠也會因開心、興奮而吠叫。當狗狗因開心而吠叫時，就用「坐下」、「等一下」等指示讓牠冷靜下來。若這方法無效，就在客人來訪前帶狗狗出門，待客人進屋後再回家。狗狗迎接客人時通常會很興奮，所以讓牠覺得「散步回家後，最喜歡的客人已經在家了」，牠就會冷靜地接觸客人。

❸ 對門鈴聲吠叫

為什麼？

若可怕的入侵者「客人」來訪時，門鈴總會響起，狗狗就會因恐懼而討厭門鈴，並對其吠叫。

試著這樣做

用「門鈴一響就會發生好事」的方式，扭轉狗狗對門鈴的壞印象，例如：在飼主回家時或吃飯時間讓門鈴響起，令狗狗產生好印象。若牠還是會吠叫，就改變門鈴聲並重複前述行為，讓牠對門鈴聲留下好印象。

試著這樣做

每天都帶狗狗充分地散步，讓牠疲倦地迎接夜晚。若飼主白天有工作，請於早晨或回家後帶牠去散步。晚上可將零食裝入KONG中，讓狗狗花點時間食用。當牠專注到忘記時間後，就會香甜地睡到早上，停止深夜吠叫的行為。

❷ 對其他狗狗吠叫

為什麼？

若愛犬在社會化時期較少接觸其他狗狗，當其他狗狗接近時，就會因恐懼而吠叫，警告對方快點離開。

試著這樣做

若愛犬會在散步途中對其他狗狗吠叫，當牠要吠叫時，就用食物吸引牠注意。若牠還是持續吠叫，而且不看食物，就立刻帶牠離開。

另一個改善方法是讓愛犬習慣其他狗狗。先讓牠從遠方觀看其他狗狗，若牠沒有吠叫，就一面餵牠食物一面慢慢地接近對方。請反覆練習並慢慢縮短接觸距離（請參閱p.66）。

夜晚吠叫的狀況

為什麼？

夜晚吠叫的原因大多是運動量不足，而且時常發生在白天獨自看家的狗狗身上。狗狗常會在飼主外出時睡覺，所以會蓄足體力。

惱人行為 3

飛撲

為什麼？

當狗狗開心或想與飼主遊戲時，就會用飛撲來表達心意。若飼主陪牠玩或搔牠毛，就會讓牠更興奮，並重複飛撲的行為。

試著這樣做

狗狗飛撲時，請不要觸摸牠並一直站著，或是離開當場。當牠了解飛撲沒有任何好處，就會失去興趣並停止飛撲。若牠還是固執地飛撲，就用「坐下」→「等一下」等指示來制止。

惱人行為 4

對人做出騎乘行為

為什麼？

狗狗從前會以騎乘行為來誇耀自身能力。現代的狗狗會有騎乘行為，則是因開心或環境變化而興奮，進而刺激到性本能。

試著這樣做

若狗狗一興奮就有騎乘行為，就必須讓牠釋放多餘的精力。舉例來說，若狗狗在客人來訪時有騎乘行為，就在客人來訪前帶牠充分地散步，消耗牠的體力。另外，用「過來」、「等一下」等指示，也能制止狗狗的騎乘行為，但前提是牠必須學會聽從飼主的指示。

惱人行為 5

拉扯牽繩

為什麼？

狗狗覺得戶外環境比飼主有魅力，就會想往前走。而且，狗狗的「趨性」是被拉扯就會往反方向移動，所以一旦飼主拉扯牽繩，牠就會往反方向拉扯，變成拉著飼主前進的狀態。

試著這樣做

當狗狗拉扯牽繩，就讓牠觀看零食並留意飼主，若牠停止拉扯就給牠零食。反覆練習後，牠就會懂得在行走時留意飼主的舉動，並且停止拉扯牽繩。請參閱 p.76～77，並且確實地進行跟隨飼主步調的訓練。

惱人行為 6

叫不來

為什麼？

若狗狗在室內叫不來，就是「過來（p.60）」的訓練不足；若狗狗在室外叫不來，就是因受周圍事物吸引而沒有留意飼主。即使狗狗在室內會「過來」，也可能因外在環境的變化造成牠不聽從指示。

試著這樣做

若狗狗在室內叫不過來，請參閱 p.60～p.61 的訓練，並反覆地練習直到牠確實地學會。

若狗狗在室外叫不過來，請先到安靜無人的公園等場所，進行短距離的「過來」訓練。飼主可慢慢地增加雙方的距離，若狗狗成功，下次就能到人多的地方練習。另外，為了避免在室外發生突發事故，請飼主務必隨時握好牽繩。

惱人行為 7

不會在
室內排泄

試著這樣做

　　將室外排泄地點的土壤鋪在尿布墊上面，將「室外的味道」帶進家中；或是在室外排泄的地點（草地或電線桿下面等）上放置尿布墊，讓狗狗在上面排泄。狗狗排泄後，請好好地稱讚牠，讓牠明白尿布墊＝排泄場所。之後，每當狗狗在室內的尿布墊上排泄，就好好地誇獎牠，藉此讓牠慢慢地學會在室內排泄。

　　請注意突然不讓狗狗在室外排泄，會讓牠忍住排泄的慾望。請慢慢地增加室內排泄的次數，例如：從一天在室外排泄3次，改為2次室外、1次室內。排泄場所也慢慢地從室外移到室內，例如：庭院→玄關外→玄關內。

為什麼？

　　若飼主認為散步＝如廁時間，並且每天都讓狗狗在室外排泄，牠就會逐漸地忘記如何在室內排泄。當大型犬需要看護時，若不會在室內排泄，就會造成各種麻煩。

惱人行為 8

在廁所之外的地方排泄

試著這樣做

請再次確實地進行如廁訓練，並增加廁所數或大量鋪設尿布墊，若牠在特定位置排泄就誇獎牠。請參閱p.40～41的幼犬如廁訓練，從頭開始教狗狗如廁。若地板材質與尿布墊相似，就換成別種材質。

有些寵物旅館不會鋪設尿布墊，而是讓狗狗直接在地板排泄，所以牠回家後才會忘記要到廁所如廁。請先確認寵物旅館的排泄環境，若有必要就自行準備尿布墊，並拜託店家讓牠在上面排泄。若在廁所以外排泄的次數突然增加，最好還是立刻就醫。

為什麼？

會發生這種情況可能是如廁訓練不足，或是地板材質與尿布墊相似，讓狗狗誤認為是廁所。另外，有些狗狗從寵物旅館或醫院回來後，就突然不會在廁所排泄。若狗狗頻繁在廁所外排泄，就有可能是罹患膀胱炎等疾病。

惱人行為 10

翻垃圾桶

為什麼？

狗狗會因好奇而翻垃圾桶，若牠看到裡面有好吃或有趣的東西，就會養成翻垃圾的習慣。但這種行為可能會讓牠誤食危險物品，請務必要制止牠。

試著這樣做

狗狗大多會在看家時翻垃圾桶。改善方法為將垃圾桶改為有蓋的款式，或是放到狗狗碰不到的場所。

若要讓狗狗獨自看家，請記得留下一些有趣的物品！例如：牠喜歡的玩具、需要花費時間才能吃到的零食等。

惱人行為 9

吃自己的糞便

為什麼？

狗狗會「食糞」有各種不同的原因，例如：打發時間、好奇、營養不足、糞便有乾糧味道等，或是因與飼主接觸較少，便藉此來吸引他人關注。犬隻糞便上面會有寄生蟲的卵、傳染病的病原菌等，所以一旦看到狗狗食糞就要立刻阻止牠。

試著這樣做

請務必在狗狗排泄後，立刻清理掉牠的排泄物。若飼主看到狗狗食糞就很慌張，牠就會害怕被抓到而快速吃掉糞便，所以請冷靜地清除糞便。另外，在糞便上面噴上狗狗討厭的味道，或是讓牠服用能讓糞便變苦的膳食補充劑，都能有效地改正食糞行為。

惱人行為的預防與對應方法

悩人行為 11

無法與其他狗狗和睦相處

試著這樣做

請參閱p.78～79，並在室外訓練愛犬經過其他狗狗身邊。當牠成功後，就能訓練牠接近其他狗狗。先從遠距離開始練習，若牠稍微接近對方就給予零食獎勵，反覆地進行幾次後，牠就會對其他狗狗產生好印象。訓練幾天後，就能慢慢地縮短雙方的距離。

若有愛犬不排斥的狗狗，就拜託對方飼主與狗狗幫忙練習。愛犬喜歡與討厭的狗狗同時在場，就能提升訓練效率。

為什麼？

若社會化時期（p.49）較少接觸其他狗狗，長大後就不懂得與同類相處的方法。若從小就對其他狗狗較為敏感，長大後可能就會攻擊接近自己的狗狗。

表格式 養育筆記

了解幼犬的生活步調與習慣。請透過記錄來了解牠平常的狀況，例如：吃飯時間、飲食份量、排泄狀況等，今後才能立刻察覺到「狗狗似乎有點奇怪，好像生病了」。

了解狗狗如何生活 就能更加安心

若是初次養育幼犬，請盡量整天都待在牠身邊，觀察牠的生活方式。幼犬剛到家中時，會一直重複遊戲與睡覺的行為，說不定會讓飼主覺得睡眠時間過長。

飼主只要持續地觀察幾天，就能主覺得睡眠時間過長。

範例

12月11日（二）

5（點）	起床
6	吃飯 15g
7	大便
8	睡覺
9	
10	吃飯 15g
11	
12	
13	吃飯 15g
14	睡覺
15	吃飯 15g
16	
17	⎫ 香甜入睡
18	⎭
19	
20	吃飯 15g
21	大便
22	⎫
23	⎬ 睡覺 爸爸回來了
24	⎭

- 購買1.6kg的幼犬用乾糧
- 乾糧沒有全部吃完
- 糞便有點軟

剛開始請記錄飲食份量
對成長中的幼犬而言，飲食相當重要。請試著確認狗狗一天必須食用的份量。

請記錄在意的事項 像是遊戲、睡覺、糞便等
請記錄狗狗平常的排泄狀況，例如：是否有便秘、是否持續腹瀉等，或是某段時間的活動等事項。

空白處可書寫日記
空白處能方便記錄寵物乾糧與尿布墊的品牌，或是使用天數等。

請影印右頁表格來記錄

月　日　（　　）	月　日　（　　）	月　日　（　　）
5（點）	5	5
6	6	6
7	7	7
8	8	8
9	9	9
10	10	10
11	11	11
12	12	12
13	13	13
14	14	14
15	15	15
16	16	16
17	17	17
18	18	18
19	19	19
20	20	20
21	21	21
22	22	22
23	23	23
24	24	24

世界一流的動物醫院
daktari動物醫院

（照片皆為daktari動物醫院　東京醫療中心）

本頁將介紹這間「和善對待人類與動物」的醫院！

並且具備白金級的頂尖醫療技術。

在東京設有一間醫療中心，

daktari動物醫院是本書的監修，

手術室

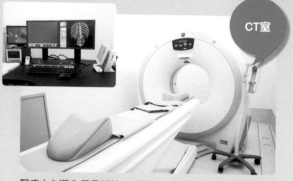

手術室不僅能進行溫和的胸腹腔鏡手術，還能透過消化管內視鏡來確認食道、胃、十二指腸、直腸、結腸、迴腸末端等黏膜狀況，而且不用手術就能清除食道與胃部的異物。客人能透過玻璃來觀摩手術過程。

CT室

醫療中心導入了最新的CT儀器，不僅能拍出精密的高畫質照片，還能觀看3D畫面。另外，儀器還能儲存患者資料，方便醫師了解每個階段的病況與治療狀況。

本書的指導老師

動物看護師

松本博之老師

大阪交流藝術專門學校犬隻訓練科畢業後，便前往瑞典修習犬心理學家・Yrsa Franzén-Görnerup的Dog Instractor養成課程。學成回國後，便任職於專門學校Renaissance・Pet・Academy的看護科系，於2008年開始擔任daktari動物醫院的動物看護師。松本老師為了讓飼主與狗狗過得更幸福，會從動物行為學與行動分析學的角度來提供建議。

獸醫師

富田真理醫師

畢業於岩守大學農學部獸醫學科，2006年進入daktari動物醫院工作。連續3年都參加日本動物醫院福祉協會（JAHA）的動物照顧活動。2008年升任久我山醫院的院長。富田醫師相當重視重視人與動物與自然的羈絆，並且希望透過犬貓的社會化，推廣照顧動物身心健康的醫療服務。

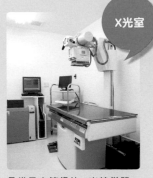

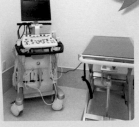
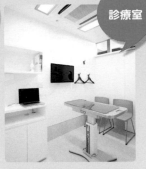

X光室

超音波檢查室

診療室

具備最高等級的X光線儀器。醫師立刻就能在診療室的螢幕觀看圖像資料。

具備高性能超音波檢查儀器。醫師立刻就能在診療室的螢幕觀看超音波靜止圖像、動畫。

螢幕能觀看電子病歷與各種檢查的圖像。獨立的診間能讓狗狗安心看診。

美容室

資料處理室

美容室能進行藥浴及奈米微氣泡澡，其能用極小的氣泡清洗毛孔深處，以保持健康的肌膚與蓬鬆柔軟的毛。美容師也會選用適合狗狗皮膚的洗毛精。

牆壁的螢幕也能觀看CT圖像、X光圖像、超音波圖像等。血液等檢查資料會自動匯入電子病歷。

美容師

畢業於東北愛犬專門學院美容科，2002年進入daktari動物醫院工作。依藤老師不僅相當重視狗狗的身體狀況，還會在美容時注意狗狗是否罹患皮膚病，以便早期治療。

伊藤美穗子老師

daktari動物醫院的工作夥伴・小琴

國家圖書館出版品預行編目資料

狗狗大聯盟柴犬小學堂 / 加藤 元、岩佐和
明監修；吳冠瑾翻譯. -- 初版. -- 新北市：
楓葉社文化, 2014.08 160面21公分

ISBN 978-986-6033-96-4（平裝）

1. 犬 2. 寵物飼養

437.354   103010529

狗狗大聯盟
柴犬小學堂

出　　　版／楓葉社文化事業有限公司
地　　　址／新北市板橋區信義路163巷3號10樓
郵 政 劃 撥／50134501　楓葉社文化事業有限公司
網　　　址／www.maplebook.com.tw
電　　　話／(02) 2957-6096
傳　　　真／(02) 2957-6435
監　　　修／加藤 元、岩佐和明
攝　　　影／鈴木江実子、近藤誠、小室和宏、三富和幸
插　　　畫／榎本香子
翻　　　譯／吳冠瑾
總 經　 銷／商流文化事業有限公司
地　　　址／新北市中和區中正路752號8樓
網　　　址／www.vdm.com.tw
電　　　話／(02)2228-8841
傳　　　真／(02)2228-6939
港 澳 經 銷／泛華發行代理有限公司
定　　　價／280元
初 版 日 期／2014年8月